高等职业教育园林类专业系列教材
工作手册式教材

# 计算机辅助园林设计

王卓识　主编

中国林业出版社

## 内 容 简 介

计算机软件绘图能力是园林类专业学生从业需具备的重要职业能力之一。本教材基于岗位能力视角,结合国家建筑标准设计图集中的内容和技能大赛的训练项目,设置了基础实战训练和综合实战训练。基础实战训练主要介绍了树池、花架和景亭等不同类型园林小品绘图、建模的方法以及园林图纸的标注方法,综合实战训练选择辽宁省高职景观设计大赛和高职园林行业大赛的题目为参考。训练内容由易到难,层层递进,强调"做中学,学中做"的理论与实际相结合的理念。

本教材内容丰富、结构清晰、语言简练,可作为职业院校园林技术、园林工程技术、风景园林设计等专业教学用书。书中所使用的软件版本为 AutoCAD 2019 、Photoshop CC 2018 和 SketchUp 2018。

### 图书在版编目(CIP)数据

计算机辅助园林设计 / 王卓识主编. —北京:中国林业出版社,2021.1(2024.12重印)

高等职业教育园林类专业系列教材　工作手册式教材

ISBN 978-7-5219-0907-4

Ⅰ.①计…　Ⅱ.①王…　Ⅲ.①园林设计-计算机辅助设计-应用软件-教材　Ⅳ.①TU986.2-39

中国版本图书馆 CIP 数据核字(2020)第 218476 号

**中国林业出版社·教育分社**

策划编辑:田　苗　曾琬淋　田　娟　　责任编辑:田　苗　田　娟

电话:(010)83143557　83143634　　　传真:(010)83143516

数字资源

| 出版发行 | 中国林业出版社(100009　北京市西城区德内大街刘海胡同7号) |
| --- | --- |
| | E-mail: jiaocaipublic@ 163.com |
| | http://www.forestry.gov.cn/lycb.html |
| 经　销 | 新华书店 |
| 印　刷 | 北京中科印刷有限公司 |
| 版　次 | 2021年1月第1版 |
| 印　次 | 2024年12月第3次印刷 |
| 开　本 | 787mm×1092mm　1/16 |
| 印　张 | 16.5 |
| 字　数 | 353千字(含数字资源) |
| 定　价 | 58.00元 |

未经许可,不得以任何方式复制或抄袭本书之部分或全部内容。

**版权所有　侵权必究**

# 《计算机辅助园林设计》编写人员

主　　编　王卓识

副 主 编　李　腾　张　欣　李　烨

编写人员　（按姓氏拼音排序）

　　　　　　艾新生(辽馨园林绿化工程有限公司)

　　　　　　李　腾(辽宁生态工程职业学院)

　　　　　　李　烨(辽宁生态工程职业学院)

　　　　　　李斌欣(辽宁生态工程职业学院)

　　　　　　唐晓棠(辽宁生态工程职业学院)

　　　　　　王卓识(辽宁生态工程职业学院)

　　　　　　张　欣(辽宁生态工程职业学院)

# 前 言

本教材的编写是辽宁生态工程职业学院园林学院高水平建设核心课程建设项目的子项目，是辽宁省教育科学"十三五"规划立项课题《产教赛学融合下高职园林专业学生职业能力提升的研究》(课题批准号：JG18EB137)的研究内容之一。

本教材是高职院校一线教师从园林设计的职业综合能力为根本出发点，与企业合作开发的技能型教材。编写人员根据学生实际情况和行业发展，对教材内容进行选择和拓展。通过对企业岗位需求进行调查，精准定位园林类专业学生从业需具备的职业能力。以市场需求为导向，加强与企业对接，确定教材的基本框架。重新梳理计算机辅助园林设计课程的知识点，筛选出实用性强的进行训练。重视知识的综合运用，强化绘图方法的学习，弱化知识点的死记硬背。

教材主要内容包括基础导学篇、基础实战篇、综合实战篇和附录。基础导学篇主要介绍了 AutoCAD 2019 、Photoshop CC 2018 和 SketchUp 2018 三个软件工作界面的设定、文件的管理方法和视图操作方法。

基础实战篇明确了学习目标后，设置了相应的基础训练、加强训练、进阶训练和课后训练四个环节，主要内容如下：一、园林花箱、组合花坛与欧式花坛的绘制。主要介绍了不同类型的花坛、花箱平面图的绘制及模型的创建步骤。二、园林树池座椅的绘制。主要介绍了不同类型树池座椅平面图的绘制和模型的创建步骤。三、园林花架的绘制。主要介绍了直线形、折线形和弧线形花架平面图的绘制及模型的创建步骤。四、园林亭的绘制。主要介绍了四角亭、六角亭和圆亭平面图的绘制及模型的创建步骤。五、园林桥的绘制。主要介绍了曲桥、拱桥和现代桥平面图的绘制及模型的创建步骤。六、园林图纸的标注。主要介绍了天正软件插件标注的方法。

综合实战篇设置了两个综合实战训练项目，主要内容如下：

项目一：绘制小庭院景观设计效果图。主要介绍了小庭院平面图、效果图和施工图的绘制方法。项目二：乡村公共绿地景观设计效果图。主要介绍了乡村公共绿地项目图纸的绘制和排版。

附录列出了三个软件的常用快捷键。

本教材由王卓识任主编，张欣、李腾和李烨任副主编。编写分工如下：基础导学篇一、二由艾新生编写；基础导学篇三、基础实战篇一和综合实战篇一第1~3部分由王卓识编写；基础实战篇二由唐晓棠编写；基础实战篇三、综合实战篇二第3~4部分和附录由李腾编写；基础实战篇六、综合实战篇一第4部分和综合实战篇二第1部分由李烨编写；基础实战篇四、五和综合实战篇二第2部分由张欣编写；数字资源由李斌欣完成。在教材的编写过程中还得到了园林学院朱志民院长、魏岩院长的大力支持，在此一并表示衷心感谢！

由于编者水平有限，书中难免有不妥和错漏之处，恳请各位读者批评指正。

编 者

2020年1月

# 目录

前 言

## 第一部分　基础导学篇 ··········································· 1

### 一、AutoCAD 2019 概述 ········································ 1
1. AutoCAD 2019 工作界面的设定 ·························· 1
2. AutoCAD 2019 文件的管理方法和视图操作 ············ 4

### 二、Photoshop CC 2018 概述 ································· 9
1. Photoshop CC 2018 工作界面的设定 ···················· 9
2. Photoshop CC 2018 文件的管理方法和视图操作 ····· 10

### 三、SketchUp 2018 概述 ······································ 13
1. SketchUp 2018 工作界面的设定 ······················· 13
2. SketchUp 2018 文件的管理方法和视图操作 ·········· 17

## 第二部分　基础实战篇 ·········································· 20

### 一、园林花箱、组合花坛与欧式花坛的绘制 ············· 20
1. 基础训练——园林花箱 ································· 20
2. 加强训练——组合花坛 ································· 34
3. 进阶训练——欧式花坛 ································· 45

### 二、园林树池座椅的绘制 ······································ 54
1. 基础训练——造型树池 ································· 54
2. 加强训练——树池座椅 ································· 59

  3. 进阶训练——树池围椅 ································· 67

### 三、园林花架的绘制 ································· 78

  1. 基础训练——直线形花架 ································· 78
  2. 加强训练——折线形花架 ································· 85
  3. 进阶训练——弧线形花架 ································· 93

### 四、园林亭的绘制 ································· 104

  1. 基础训练——四角亭的绘制 ································· 104
  2. 加强训练——圆亭的绘制 ································· 113
  3. 进阶训练——六角亭 ································· 121

### 五、园林桥的绘制 ································· 127

  1. 基础训练——曲桥的绘制 ································· 127
  2. 加强训练——拱桥的绘制 ································· 133
  3. 进阶训练——现代桥 ································· 141

### 六、园林图纸的标注 ································· 146

  1. 基础训练——标注道路断面施工图 ································· 147
  2. 加强训练——标注种植池施工图 ································· 149
  3. 进阶训练——植物种植定位定线图标注 ································· 151

## 第三部分　综合实战篇 ································· 174

### 一、绘制小庭院景观图纸 ································· 174

  1. 小庭院 CAD 平面图的绘制 ································· 174
  2. 小庭院 PS 彩色平面图的绘制 ································· 186
  3. 小庭院效果图的绘制 ································· 198
  4. 小庭院施工图的绘制 ································· 212

### 二、乡村公共绿地景观设计效果图 ································· 217

  1. 乡村公共绿地 CAD 平面图的绘制 ································· 217
  2. 乡村公共绿地 PS 彩色平面图的绘制 ································· 225
  3. 乡村公共绿地后期制作 ································· 234

4. 方案排版 …………………………………………………………………… 244

## 附录　常用快捷键 …………………………………………………………… 250

### AutoCAD 2019 常用快捷键 ………………………………………………… 250
### Photoshop CC 2018 常用快捷键 …………………………………………… 251
### SketchUp 2018 常用快捷键 ………………………………………………… 252

## 参考文献 ……………………………………………………………………… 253

# 第一部分　基础导学篇

## 一、AutoCAD 2019 概述

学习目标

- ❖ 熟悉 AutoCAD 2019 工作界面的构成和参数设定。
- ❖ 熟练掌握 AutoCAD 2019 文件的打开、新建和保存的方法。
- ❖ 熟练掌握 AutoCAD 2019 视图的操作方法。

### 1. AutoCAD 2019 工作界面的设定

（1）设置绘图单位

在绘图时应先设置图形的单位，即图上一个单位所代表的实际距离。设置方法如下：单击菜单栏中的【格式】/【单位】命令，弹出【图形单位】窗口，具体参数如图 1-1-1 所示。

（2）绘图区背景颜色的调整

如图 1-1-2 和图 1-1-3 所示，单击菜单栏中的【工具】/【选项】命令，弹出【选项】窗口。选择【显示】选项卡，单击【窗口元素】组合框中的【颜色】按钮，弹出【图形窗口颜色】窗口。

在【颜色】选框中选择想要变换的颜色（通常使用白色或者黑色），按下【应用并关闭】按钮，可以将绘图区背景颜色进行切换。

（3）光标大小和颜色的调整

光标大小调整：AutoCAD 中光标的默认状态是小十字形，在绘图过程中为了方便可以调

图 1-1-1　图形单位窗口

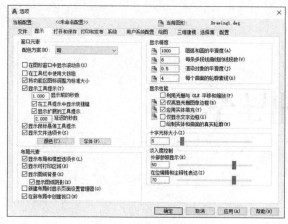

图 1-1-2 选项窗口

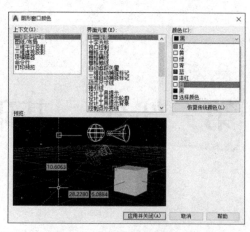

图 1-1-3 图形窗口颜色窗口

整成大光标。单击菜单栏中的【工具】/【选项】命令,弹出【选项】窗口;选择【显示】选项卡,在【十字光标大小】组合框中拖动控制十字光标大小的滑块可以调整光标的大小,如图 1-1-4 和图 1-1-5 所示。

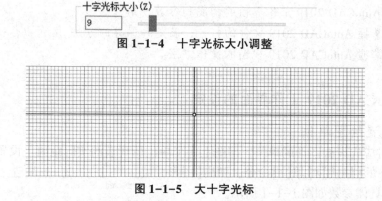

图 1-1-4 十字光标大小调整

图 1-1-5 大十字光标

光标颜色调整:单击菜单栏中【工具】/【选项】命令,弹出【选项】窗口。选择【显示】选项卡,单击【窗口元素】组合框中的【颜色】按钮,在【界面元素】选框中选择【十字光标】,在【颜色】选框中选择想要变换的颜色,如图 1-1-6 所示,点击【应用并关闭】。

(4)工具栏的设定

如图 1-1-7 和图 1-1-8 所示,单击菜单栏中的【工具】/【工具栏】/【AutoCAD】选项,显示出所有的工具栏列表,点选需要的工具栏即可将工具栏显示在绘图区。拖动工具栏可以移动到相应位置,点右上角的【×】按钮可以关闭工具栏。

(5)状态栏辅助工具的设置

① 极轴　配合对象捕捉使用,当光标移动到靠近满足条件的位置时,CAD 就会显

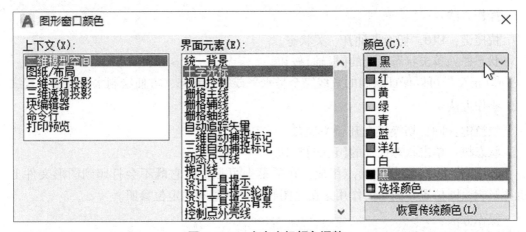

图 1-1-6　十字光标颜色调整

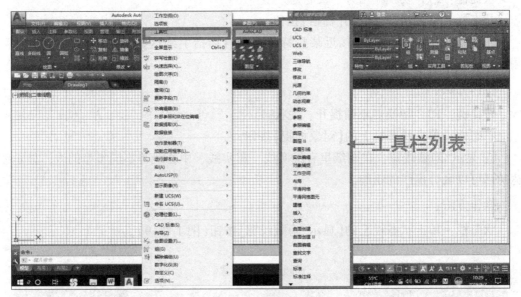

图 1-1-7　工具栏列表

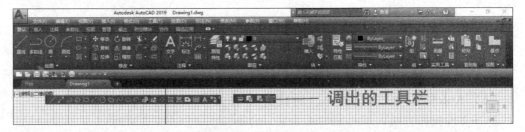

图 1-1-8　调出的工具栏

示一条虚线提示，利用极轴来追踪点的位置。

操作方法：

快捷键：F10，切换极轴开、关状态。

状态栏：单击状态栏上的【极轴】按钮。

② 正交　可以保证绘制的直线完全呈水平或垂直状态，方便绘制水平或垂直直线。

操作方法：

快捷键：F8，切换正交开、关状态。

状态栏：单击状态栏上的【正交】按钮。

③ 栅格　由一组规则的点组成，在屏幕上可见，但它既不会打印到图形文件上，也不影响绘图位置。栅格的作用是在绘图时有一个直观的定位参照。

操作方法：

快捷键：F7，切换栅格开、关状态。

状态栏：单击状态栏上的【栅格】按钮。

④ 对象捕捉　是光标在接近某些特殊点时自动指引到这些特殊的点，比如中点、端点或圆心等。

操作方法：

快捷键：F3，切换对象捕捉开、关状态。

状态栏：单击状态栏上的【对象捕捉】按钮。

⑤ 显示/隐藏线宽　在图纸里有细实线、粗实线、中心线等不同类型的线，显示线宽的话可以区分出线的粗细。

操作方法：

状态栏：单击状态栏上的【显示/隐藏线宽】按钮（图1-1-9）。

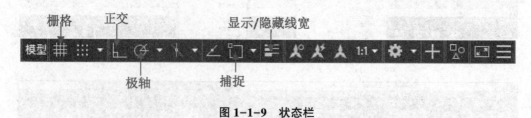

图1-1-9　状态栏

## 2. AutoCAD 2019 文件的管理方法和视图操作

（1）AutoCAD 文件的打开、新建和保存的方法

打开文件操作方法：

① 在创建界面点选【打开文件】，打开【选择文件】窗口，按照路径选择要打开的文件，如图1-1-10和图1-1-11所示。

图 1-1-10　创建界面　　　　图 1-1-11　选择文件路径窗口

② 执行【文件菜单】下的【打开】选项，按照路径选择要打开的文件，如图 1-1-12 所示。
③ 双击文件的快捷方式图标，打开文件。
④ 点击左上角的 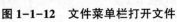 图标，点选打开，按照路径打开文件。

新建文件操作方法：

① 双击软件的快捷方式 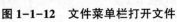，在创建界面点击【开始绘制】，创建新的工作文件，如图 1-1-13 所示。

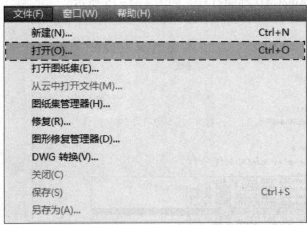 

图 1-1-12　文件菜单栏打开文件　　　　图 1-1-13　开始绘制

② 执行【文件】菜单下的【新建】选项，进入【选择样板】窗口，按下【打开】按钮创建新文件，如图 1-1-14 所示。
③ 输入快捷键 Ctrl+N。
④ 点击左上角的 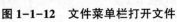 图标，点选新建/图形，创建新文件。

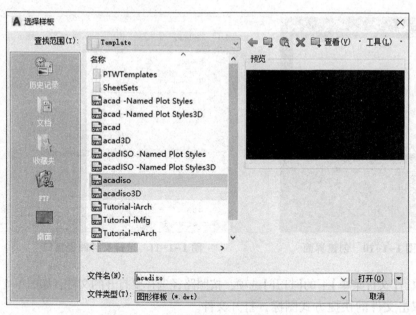

图 1-1-14　选择样板窗口创建新文件

保存文件操作方法：

① 点选左上角的 A 图标，选择【保存】或【另存为】/【图形】。在弹出的窗口中，输入【文件名称】，选择【保存的路径】和【文件类型】，文件类型通常选择版本较低的AutoCAD 2004 格式，这样高版本的 AutoCAD 都能打开，如图 1-1-15 所示。

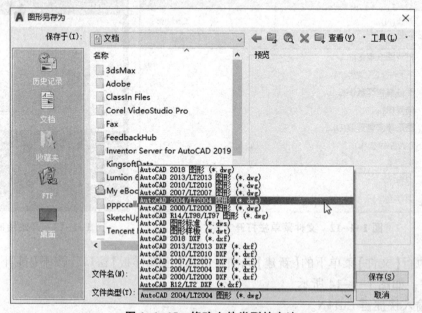

图 1-1-15　修改文件类型的方法

② 输入快捷键 Ctrl+S，保存文件到指定位置。

③ 输入快捷键 Ctrl+Shift+S，另存为文件到指定位置。

（2）AutoCAD 视图的操作

操作方法：

① 在绘图区任意位置单击鼠标右键，在右键菜单中选择【平移】，鼠标变成"黑色小手"形状，拖动鼠标进行视图平移，单击右键选择【退出】，如图 1-1-16 所示。

② 在右键菜单中选择【缩放】，鼠标变成"放大镜"图标，上下拖动鼠标放大缩小视图，单击右键选择【退出】。

③ 绘图区向前滑动鼠标中键，放大视图；鼠标向后滑动，缩小视图；按下鼠标中键不放，平移视图。

图 1-1-16　平移视图的方法

④ 输入快捷键 Z，鼠标框选想要放大的位置，可以局部放大视图。输入快捷键 Z+空格/A+空格，可以显示视图中全部内容。双击鼠标中键，可以显示视图中全部内容。

## 常用知识点梳理

（1）了解和创建工作界面

【了解工作界面】主要介绍了软件的新功能，提供了一些基础工具快速入门的视频。拖动滚动条可以浏览【快速入门视频】列表。

【创建工作界面】显示出最近使用文件的列表，【文件显示方式】切换按钮用于切换文件浏览方式，按下【开始绘制】按钮可以进入绘图空间，如图 1-1-17 所示。

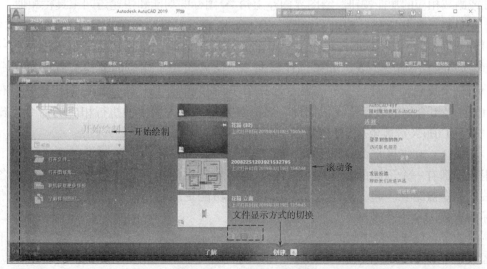

图 1-1-17　创建工作界面

（2）认识操作界面

操作界面划分成很多功能区，如图1-1-18所示。

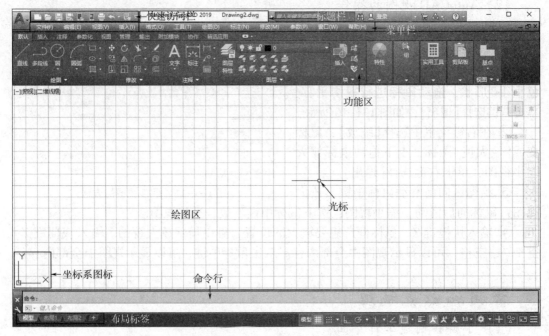

图1-1-18　AutoCAD工作界面

标题栏：显示软件的版本和文件名。

快速访问工具栏：快速访问工具栏用于显示常用工具，包括新建、打开、保存、另存为和打印等按钮。可以用鼠标左键单击右侧三角形图标，自定义设置快速访问工具栏，增加或删减相应的功能按钮。绘图界面左上角 图标的功能和快速访问工具栏相似。

菜单栏：包括文件、编辑、视图、插入、格式、工具、绘图、标注、修改、参数、窗口和帮助12个主菜单项，每个主菜单下又包括子菜单。在展开的子菜单中存在一些带有"…"的菜单命令，表示如果选择该命令，将弹出一个相应的窗口；有的菜单命令右端有一个黑色箭头符号 ，表示选择菜单命令能够打开下一级菜单；菜单项右边有"Ctrl+?"组合键的表示键盘快捷键，可以直接动态输入快捷键执行相应的命令，比如同时按下Ctrl+N键能够弹出【创建新图形】界面。

功能区：功能区把命令组织成一组"选项卡"，每一组包含了相关的命令。每一个应用程序都有一个不同的标签组，展示了程序所提供的功能。在每个选项卡里，各种相关的命令被组在一起。功能区使应用程序的功能更加易于发现和使用，减少了点击鼠标的次数。

绘图区：位于屏幕中间的整个空白区域是绘图区，也称为工作区域。默认设置下工作区域是一个无限大的区域，可以按照图形的实际尺寸在绘图区内任意绘制各种图形。

命令行：输入命令名和显示命令提示的区域，默认的命令窗口布置在绘图区下方。

AutoCAD通过命令行的窗口反馈各种信息，如输入命令后的提示信息，包括错误信息、命令选项及其提示信息等。因此，应时刻关注在命令行窗口中出现的信息。

状态栏：辅助绘图工具按钮，当按钮处于凹下状态时，表示该按钮处于打开状态，再次单击该按钮，可关闭相应按钮。

注：本教材中 CAD 即 AutoCAD 的简称。

## 二、Photoshop CC 2018 概述

### 学习目标

❖ 熟悉 Photoshop CC 2018 工作界面的构成和参数设定。
❖ 熟练掌握 Photoshop CC 2018 文件的打开、新建和保存的方法。
❖ 熟练掌握 Photoshop CC 2018 视图的操作方法。

### 1. Photoshop CC 2018 工作界面的设定

（1）绘图界面颜色的调整

动态输入快捷键 Ctrl+K，弹出【首选项】窗口。选择【界面】选项卡，可以选择【外观】/【颜色方案】中的色块修改选择的颜色，如图 1-2-1 所示。

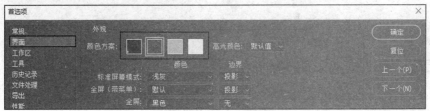

图 1-2-1　首选项窗口

（2）暂存盘的设置

打开首选项界面，选择【暂存盘】选项卡，在驱动器列表中可以勾选驱动器，将 D 盘和 F 盘设置为优先存储空间的临时盘，可以提高电脑的绘图速度，如图 1-2-2 所示。

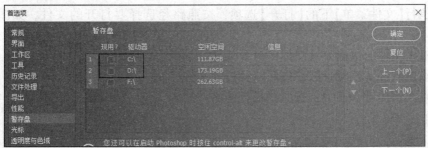

图 1-2-2　暂存盘选项卡

(3) 历史记录面板的使用

选择【窗口】菜单/【历史记录】选项，打开【历史记录】面板，用鼠标左键将其拖动到图层面板右侧，如图 1-2-3 所示。在绘图中难免会操作错误，这时在历史记录面板上点选想要退回到的步骤，就可以退回到原来的操作中。

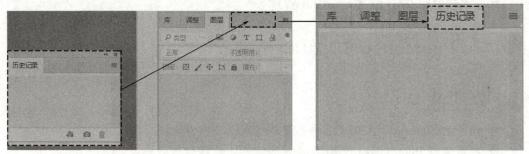

图 1-2-3　拖动历史记录面板

打开【首选项】窗口，选择【性能】选项卡，在【历史记录状态】后的步数栏里可以输入相应的步数，一般设置 20~60 步，过多的步数会导致电脑变慢，如图 1-2-4 所示。

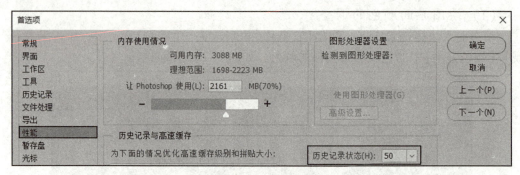

图 1-2-4　性能选项卡

## 2. Photoshop CC 2018 文件的管理方法和视图操作

（1）Photoshop 文件的打开、新建和保存的方法

文件打开操作方法：

① 执行【文件菜单】下的【打开】选项，按照路径选择要打开的文件，如图 1-2-5 所示。

② 双击文件的快捷方式图标，打开文件。

③ 双击软件灰色背景区，按照路径打开文件。

④ 输入快捷键 Ctrl+O，按照路径打开文件。

文件新建操作方法：

① 选择【文件菜单】/【新建】选项，在弹出的新建文件窗口选择给定大小的文件或者自定义新文件，在右侧【预设详细信息】面板可以设置文件名、文件大小、分辨率等

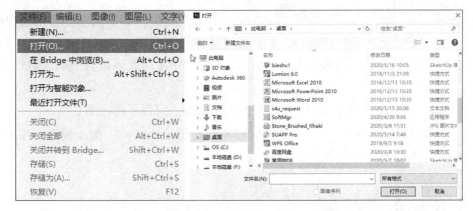

图 1-2-5  文件菜单打开文件

图 1-2-6  文件的新建

参数，如图 1-2-6 所示。

② 输入快捷键 Ctrl+N，创建新文件。

（2）文件的保存

文件保存操作方法：

① 打开【文件】菜单，选择【存储】或【存储为】。在弹出的窗口中，输入文件名，选择保存的路径，文件类型为 PSD 或者 JPEG。

② 输入快捷键 Ctrl+S，保存文件到指定路径或原路径。

③ 输入快捷键 Ctrl+Shift+S，另存文件到指定路径。

（3）Photoshop 视图的操作

① 按下工具栏上的缩放工具图标 或者按下快捷键 Z，当鼠标变为带加号的放大镜 单击可以放大视图；按住 Alt 键将鼠标切换为带减号的放大镜 ，单击可以缩小

视图。

② 如图 1-2-7 所示，单击选项栏上的【100%】按钮，将窗口缩放为 1∶1；单击【适合屏幕】按钮，将当前窗口缩放为屏幕大小；单击【填充屏幕】按钮，缩放当前窗口以适合屏幕。

图 1-2-7　选项栏

③ 单击工具栏上的抓手工具 或者按下空格键，可以平移视图。

④ 按下快捷键 Ctrl+"+"，放大视图，按下快捷键 Ctrl+"-"，缩小视图。按下快捷键 Ctrl+0，将当前窗口缩放为屏幕大小。

## 常用知识点梳理

（1）工作界面的构成

工作界面如图 1-2-8 所示，由菜单栏、选项栏、绘图区和工具栏等构成。

图 1-2-8　Photoshop 工作界面

菜单栏："文件"菜单主要是基础的画布新建、保存、打印等。"编辑"菜单可以对照片进行初步编辑，变形等的操作。"图像"菜单，是对整个画布的大小、色调等进行设置。"图层"菜单包括复制、变换、编辑图层等的功能。"文字"菜单主要是文字编辑的功能工具。

"选择"菜单是对选取进行操作的集成菜单。"滤镜"菜单为图像提供了各种特效。"3D"菜单可以制作许多的立体效果，是图像看起来比较多维化。"视图"菜单主要是标尺、参考线等的设置，规范图像。"窗口"菜单可对程序中的面板进行显示或隐藏。"帮助"菜单，可以引导到官网完成注册、问题解决等。

选项栏：控制视图的操作面板。

绘图区：图像绘制编辑区域。

控制调板：主要功能包括图层/通道/路径/调整/样式/颜色/色板/历史记录/属性。

文件标签：显示文件名和视图缩放的比例。

（2）工具栏的认识

工具栏：显示各绘图工具的图标，可以单击相应的图标按钮执行该命令，如图1-2-9所示。

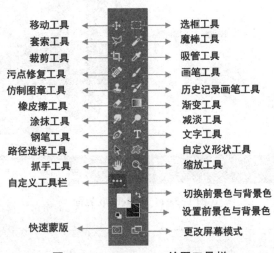

图1-2-9  Photoshop绘图工具栏

注：本教材中PS即Photoshop的简称。

## 三、SketchUp 2018 概述

### 学习目标

❖ 熟悉SketchUp 2018工作界面的构成和参数设定。
❖ 熟练掌握SketchUp 2018文件的打开、新建和保存的方法。
❖ 熟练掌握SketchUp 2018视图的操作方法。

**1. SketchUp 2018 工作界面的设定**

（1）模板的选择

如图1-3-1和图1-3-2所示，双击快捷方式图标 ，单击【选择模板】按钮，或者点模板前面的黑色小三角，打开模板列表，选择【建筑设计—毫米】模板，按【开始使

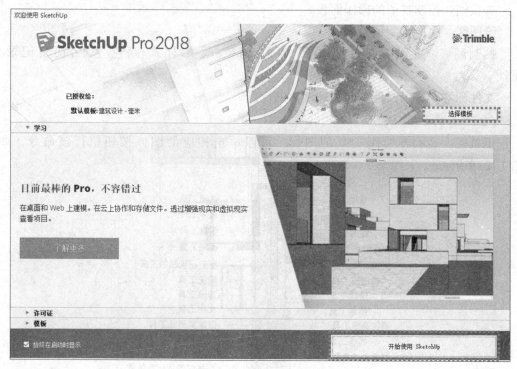

图 1-3-1　SketchUp 界面

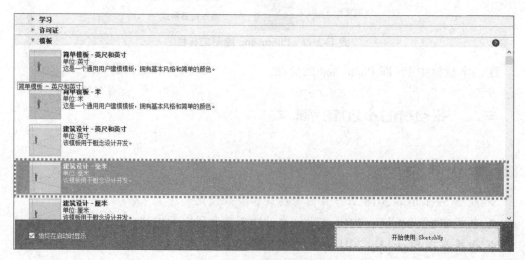

图 1-3-2　模板选择界面

用 SketchUp】按钮打开 SketchUp 工作界面。

(2) 单位的设置

选择【窗口】菜单下的【模型信息】，打开模型信息窗口，选择【单位】选项，将单位设置为 mm，精度设置为 0 mm，如图 1-3-3 所示。

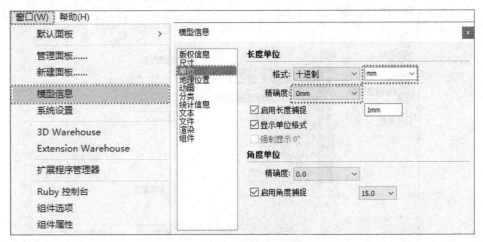

图 1-3-3 单位的设置

（3）系统绘图环境的设置

如图 1-3-4 所示，选择【窗口】菜单下的【系统设置】，打开系统设置窗口，在【常规】选项中可以修改自动保存文件的时间为 30 分钟，减少自动保存的频率，提高绘图速度。取消勾选"自动检查模型问题""在创建场景时警告样式变化"和"允许检查更新"三个选项前面的按钮，减少绘图过程中软件由于计算错误出现的程序问题。

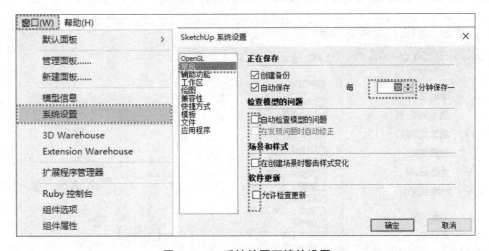

图 1-3-4 系统绘图环境的设置

（4）快捷键的设置

如图 1-3-5 所示，选择【窗口】菜单下的【系统设置】，打开系统设置窗口，选择【快捷方式】选项。选择没有指定快捷方式的常用功能，在添加快捷键栏设置相应的快捷键，注意不要和系统已经指定的快捷键相重复，快捷键的具体使用方法参见附录。

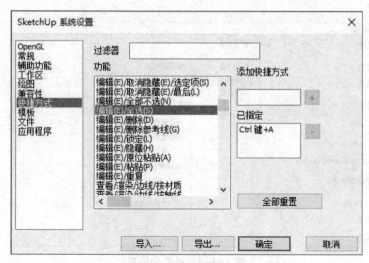

图 1-3-5  快捷键的设置

(5) 常用工具栏的调出

在工作过程中，设定便捷的工作界面，选用工具方便又能提高工作效率。选择【视图】菜单下的【工具栏】，打开工具栏设置窗口，勾选"大工具集""风格""视图"和"图层"工具栏，其余的工具栏取消勾选，如图 1-3-6 所示。按下右下角的关闭按钮，完成设置。长按鼠标左键拖动工具栏摆放到相应的位置，如图 1-3-7 所示。

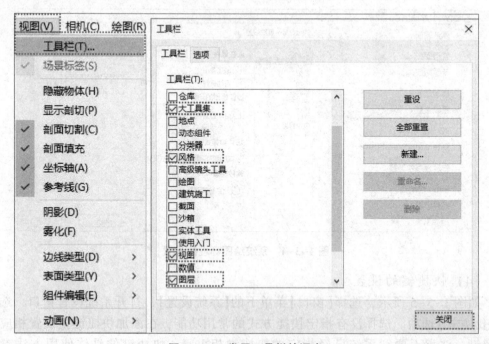

图 1-3-6  常用工具栏的调出

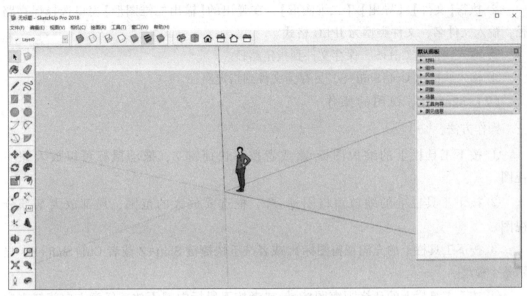

图 1-3-7　设置好的工作界面

（6）模型线显示风格的编辑

选择【默认面板】下的【风格】面板，点选【编辑】选项卡，只保留"边线"的勾选，取消其他样式的勾选，使模型线条更简洁、清晰，如图 1-3-8 所示。

## 2. SketchUp 2018 文件的管理方法和视图操作

（1）SketchUp 文件的打开、新建和保存的方法

文件打开操作方法：

① 鼠标左键双击 SketchUp 的【快捷方式】图标，进入初始界面，点击【开始使用 SketchUp】按钮打开软件。

② 双击文件或文件的快捷方式图标，打开文件。

③ 拖动文件到软件的快捷方式上，打开文件。

文件新建操作方法：

① 执行【文件菜单】下的【新建】选项，进入选择样板窗口，按下【打开】按钮创建新文件。

② 输入快捷键 Ctrl+N。

文件保存操作方法：

① 打开【文件】菜单，选择【保存】或【另存为】。在弹出的窗口中，输入文件名称，选择保存的路径，文件类型为 SKP 格式。

图 1-3-8　风格的编辑

② 执行【文件】/【导出】/【二维图形】，在弹出的【输出二维图形】窗口选择保存路径，输入文件名，文件类型为 JPEG 格式。

③ 输入快捷键 Ctrl+S，保存文件到指定路径。

④ 输入快捷键 Ctrl+Shift+S，另存为文件到指定路径。

（2）SketchUp 视图的操作

操作方法：

① 按下工具栏上的缩放图标 🔍 或者按下快捷键 Z，拖动鼠标可以放大缩小视图。

② 按下工具栏上的缩放窗口图标 🔍，框选要放大的范围，局部放大某部分视图。

③ 按下工具栏上的充满视窗图标 ✕ 或者按下快捷键 Shift+Z 或者 Ctrl+Shift+E，显示整个模型。

④ 按下工具栏上的环绕观察图标 ⊕ 或者按下鼠标中键不放，任意方向旋转观察视图。

⑤ 按下工具栏上的平移图标 ✋ 或者按下 Shift+鼠标中键，可以平移视图。

⑥ 向前或向后滚动鼠标中键，可以放大或者缩小视图。

## 常用知识点梳理

（1）工作界面的构成（图 1-3-9）

标题栏：标题栏（在绘图窗口的顶部）包括右边的标准窗口控制（关闭、最小化、最大化）和窗口所打开的文件名。开始运行 SketchUp 时名字是未命名，说明还没有保存此文件。

菜单栏：菜单出现在标题栏的下面。大部分 SketchUp 的工具，命令和菜单中的设置默认出现的菜单包括文件、编辑、查看、相机、绘图、工具、窗口和帮助。

工具栏：工具栏出现在菜单下方，绘图区左侧，包含一系列用户化的工具和控制。

绘图区：在绘图区编辑模型。在一个三维的绘图区中，可以看到绘图坐标轴。

状态栏：状态栏位于绘图窗口大下面，左端是命令提示和 SketchUp 的状态信息。这些信息会随着绘制的东西而改变，但是总的来说是对命令的描述，提供修改键和修改方法。

数值控制栏：状态栏的右边是数值控制栏。数值控制栏显示绘图中的尺寸信息。也可以接受输入的数值。

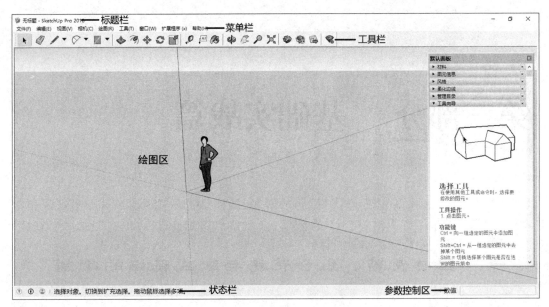

图 1-3-9 SketchUp 工作界面

(2) 大工具栏的认识（图 1-3-10）

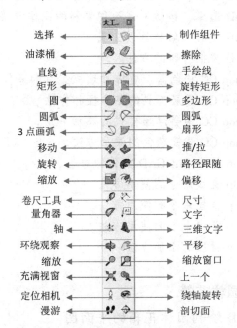

图 1-3-10 SketchUp 绘图工具栏

注：本教材中 SU 即 SketchUp 的简称。

# 第二部分　基础实战篇

## 一、园林花箱、组合花坛与欧式花坛的绘制

### 学习目标

- 熟练使用 AutoCAD 直线、矩形和圆弧基本命令。
- 熟练掌握 AutoCAD 选择、移动、删除和复制的操作方法。
- 熟练使用 AutoCAD 偏移和修剪修改工具。
- 熟练掌握 AutoCAD 虚拟打印的方法。
- 熟练掌握 Photoshop CC 拾色器、魔棒和填充工具的操作方法。
- 熟练掌握 Photoshop CC 图层工具的基本操作方法。
- 熟练掌握 Photoshop CC 图层浮雕样式的添加方法。
- 熟练掌握 Photoshop CC 滤镜杂色的添加方法。
- 熟练掌握 SketchUp 导入 AutoCAD 文件的方法。
- 熟练掌握 SketchUp 直线命令的使用方法。
- 熟练掌握 SketchUp 推拉命令的使用方法。
- 熟练掌握 SketchUp 群组命令的使用方法。
- 熟练掌握 SketchUp 材质的添加方法。

### 1. 基础训练——园林花箱

（1）使用 AutoCAD 绘制园林花箱的平面图

①按照 AutoCAD 2019 概述中讲解的方法，设置好单位和对象捕捉。输入快捷键 REC，如图 2-1-1 所示，按下键盘上的回车键确定，执行矩形命令。绘图区任意位置单击鼠标左键，确定矩形的第一点。动态输入绘制尺寸为"@710，710"，如图 2-1-2 所示，作为花箱的矩形外框。

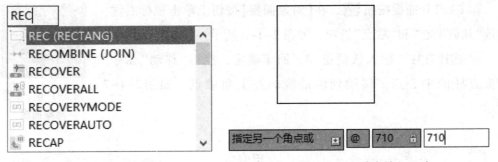

图 2-1-1　输入快捷键　　　　　图 2-1-2　动态输入尺寸

② 输入快捷键 O，回车确定，执行"偏移"命令。命令行输入偏移距离值 50，回车确定，鼠标点选要偏移的线，向内单击，偏移出内边框线，如图 2-1-3 所示。

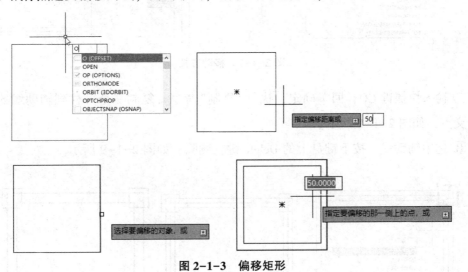

图 2-1-3　偏移矩形

③ 再次执行"偏移"命令，将外框线向内偏移出距离为 25 的一条辅助线，如图 2-1-4 所示。

④ 输入快捷键 REC，在旁边绘制一个尺寸为 100mm×100mm 的方柱，如图 2-1-5 所示。

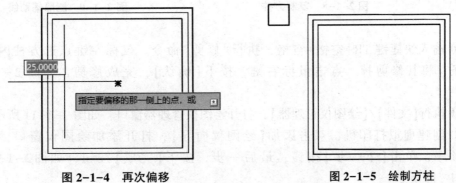

图 2-1-4　再次偏移　　　　　　图 2-1-5　绘制方柱

⑤ F3 打开捕捉按钮 ▣，在【对象捕捉】按钮上单击鼠标右键，勾选"几何中心"和"端点"选项，如图 2-1-6 所示。

⑥ 选择方柱，输入快捷键 M，回车确定，执行"移动"命令。捕捉方柱的中心点，移动到辅助线的左上角端点，如图 2-1-7 所示。

图 2-1-6 设置对象捕捉

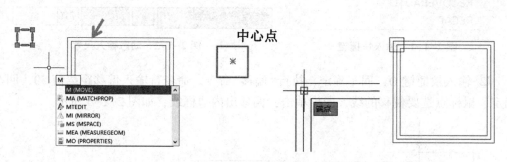

图 2-1-7 移动方柱

⑦ 输入快捷键 CO，回车确定，执行"复制"命令。复制三个方柱到辅助线的另外三个交点，如图 2-1-8 所示。

⑧ 选中辅助线，按下键盘上的 Delete 键，删除，如图 2-1-9 所示。

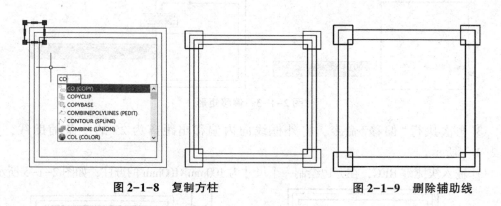

图 2-1-8 复制方柱　　　　　　图 2-1-9 删除辅助线

⑨ 输入快捷键 TR+空格+空格，执行"修剪"命令。鼠标左键点选方柱内多余的线条，将其修剪掉，点击鼠标右键，按下【确认】，完成修剪，如图 2-1-10 所示。

⑩ 执行【文件】/【绘图仪管理器】，打开绘图仪管理器窗口，如图 2-1-11 所示。

⑪ 创建虚拟打印机，双击添加【绘图仪向导】，打开添加绘图仪窗口，按照图的顺序，单击【下一步】按钮，最后一步，按下【完成】按钮，如图 2-1-12～图 2-1-18 所示。

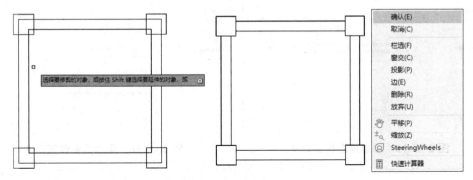

图 2-1-10　修剪多余的线条

图 2-1-11　绘图仪管理器窗口　　　　图 2-1-12　添加绘图仪窗口 1

图 2-1-13　添加绘图仪窗口 2　　　　图 2-1-14　添加绘图仪窗口 3

图 2-1-15　添加绘图仪窗口 4

图 2-1-16　添加绘图仪窗口 5

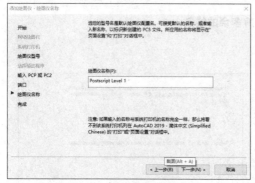
图 2-1-17　添加绘图仪窗口 6

图 2-1-18　添加绘图仪窗口 7

⑫虚拟打印，命令行输入 Ctrl+P，打开打印窗口。在【打印机/绘图仪】组合框中的【名称(M)】选框中，选择刚刚设置的"Postscript Level 1"打印机，图纸选择 A4(210mm×297mm)，勾选"打印到文件"和"居中打印"选项，如图 2-1-19 所示。

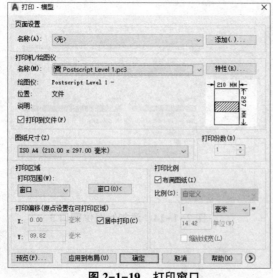
图 2-1-19　打印窗口

⑬在【打印区域】组合框中的【打印范围(W)】选框中选择【窗口】，这时会切换到模型窗口，用鼠标捕捉左上角点和右下角点，确定打印具体范围，如图 2-1-20 所示。

⑭切换回打印界面，单击预览窗口，确认图纸打印准确，单击鼠标右键，选择打印，如图 2-1-21 所示。

⑮弹出浏览打印文件窗口，选择保存路径，文件名修改为"花箱导图-Model.EPS"，单击【保存】按钮完成打印，如图 2-1-22 所示。

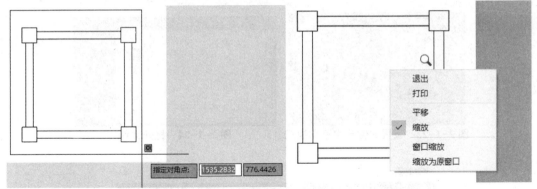

图 2-1-20　捕捉打印范围　　　　　图 2-1-21　打印

图 2-1-22　按路径保存文件

（2）使用 Photoshop CC 绘制园林花箱的彩色平面图

① 拖动"花箱导图-Model.EPS"文件到 Photoshop CC 2018 快捷方式图标上，在弹出的窗口中设置文件分辨率为 100 像素/英寸，模式为 RGB 颜色，如图 2-1-23 所示，单击【确定】按钮，打开文件，如图 2-1-24 所示。

② 按下快捷键 Ctrl+Shift+N，新建名为"底色"的图层，如图 2-1-25 和图 2-1-26 所示。

③ 选中"底色"图层，按下快捷键 Ctrl+[，将图层的位置下移一层，如图 2-1-27 所示。

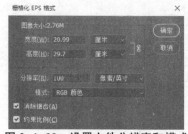
图 2-1-23　设置文件分辨率和模式

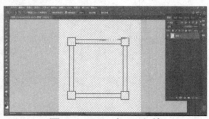
图 2-1-24　打开文件

图 2-1-25　新建"底色"图层 1

图 2-1-26　新建"底色"图层 2

图 2-1-27　移动"底色"图层位置

④ 按下快捷键 Ctrl+Delete，填充"底色"图层为白色，如图 2-1-28 所示。

⑤ 按下快捷键 Ctrl+Shift+N，新建名为"花箱"的图层，如图 2-1-29 所示。

⑥ 依次按下快捷键 W，Shift+W，切换到"魔棒"工具 。勾选"对所有图层取样"选项，如图 2-1-30 所示。

⑦ 鼠标点选花箱一侧，按住 Shift 键，加选所有花箱的范围，选中的部分变为闪动的"蚂蚁线"，如图 2-1-31 所示。

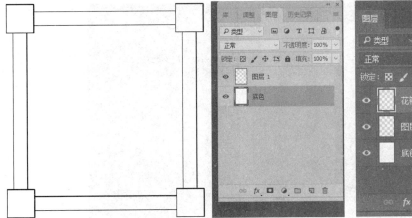

图 2-1-28　填充"底色"图层为白色　　　　图 2-1-29　新建花箱图层

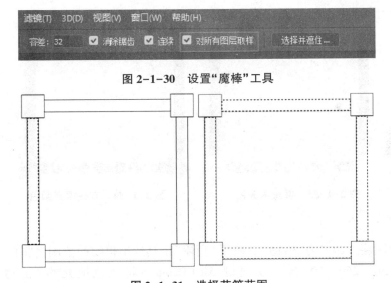

图 2-1-30　设置"魔棒"工具

图 2-1-31　选择花箱范围

⑧鼠标单击工具栏上的拾色器 ■，点选上面的小方块，打开前景色拾色器，将颜色设置 RGB 值为"175，110，50"，按下【确定】按钮，如图 2-1-32 所示。

⑨ 按下快捷键 Alt+Delete，将花箱填充成木头色，如图 2-1-33 所示。

⑩ 鼠标单击工具栏上的【拾色器】■，点选上面的方柱，打开前景色拾色器，将颜色设置 RGB 值为"150，90，35"，按下【确定】按钮，将颜色填充给方柱，如图 2-1-34 所示。

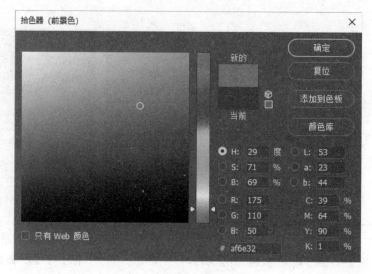

图 2-1-32　拾色器设置颜色

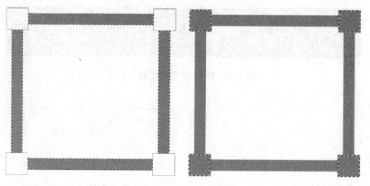

图 2-1-33　填充木头色　　　　图 2-1-34　方柱填充颜色

⑪ 新建图层，命名为"植物"。使用"魔棒"工具选中植物的范围，将前景颜色设置 RGB 值为"150，250，80"按下快捷键 Alt＋Delete，将颜色填充给"植物"图层，如图 2-1-35 所示。

⑫ 执行【滤镜】/【杂色】/【添加杂色】，勾选"单色"选项，杂色数量为 6~10，制作出草坪的纹理效果，如图 2-1-36 所示。

⑬ 新建图层，命名为"方柱"，双击"方柱"图层右侧，如图 2-1-37 所示。打开图层样式窗口，勾选"斜面和浮雕样式"，将浮雕大小值修改为 3，单击【确定】按钮，如图 2-1-38 所示，用相同的方法为"方柱"图层制作浮雕效果。

⑭ 最终完成的彩色平面图，如图 2-1-39 所示，按下快捷键 Ctrl+Shift+S，将文件保存为"花箱.jpeg"。

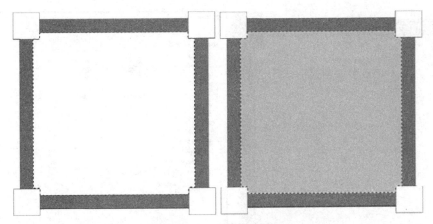

图 2-1-35 植物填充颜色

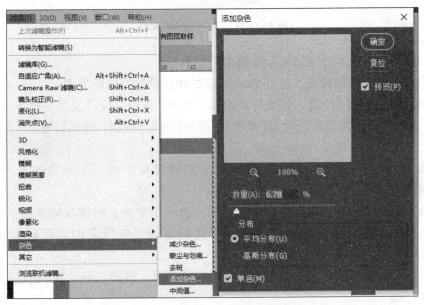

图 2-1-36 制作草坪纹理效果

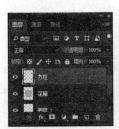

图 2-1-37 选择"方柱"图层

图 2-1-38 制作图层浮雕样式

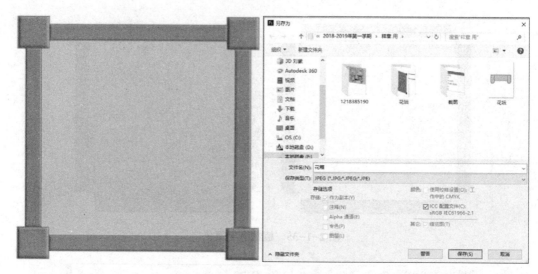

图 2-1-39　保存"花箱"文件

（3）使用 SketchUp 制作花箱模型

① 参照单元 1 中的做法，打开 SketchUp 2018，设置好绘图界面。

② 执行【文件】/【导入】，弹出导入窗口，选择"花箱.dwg"文件。按下选项按钮，在选项设置界面，将模型单位改为【毫米】，单击【确定】按钮，完成设置。

③ 导入的线条如图 2-1-40 所示。

④ 按下快捷键 L，执行"直线"命令，分别捕捉每个面上一条边描线，进行"封面"，效果如图 2-1-41 所示。

⑤ 按下空格键，切换到选择命令，点选任意一个平面，右键反转平面，将其反转到正面。再次点击鼠标右键，选择确定平面的方向，将所有的面反转到正面，如图 2-1-42 所示。

⑥ 按住 Ctrl 键，双击鼠标左键加选花箱的所有面，单击右键选择【创建群组】，如图 2-1-43 所示。

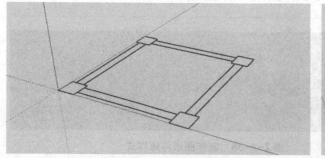

图 2-1-40　导入线条

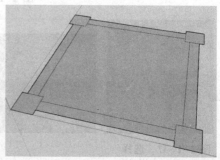

图 2-1-41　描线封面

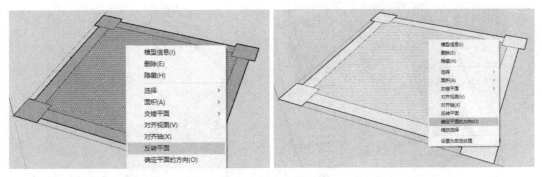

图 2-1-42 反转平面

⑦ 双击进入组内，按下快捷键 P，执行推拉命令，距离值为 600，将方柱向上推拉 600mm 的高度，如图 2-1-44 所示。

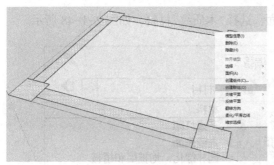
图 2-1-43 创建群组

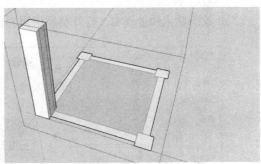
图 2-1-44 推拉方柱

⑧ 双击鼠标左键，重复执行上次推拉命令，推拉另外三个柱子为 600mm 的高度，如图 2-1-45 所示。

⑨ 推拉花箱壁的高度为 550mm，如图 2-1-46 所示。

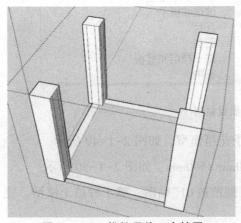
图 2-1-45 推拉另外三个柱子

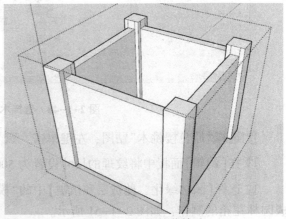
图 2-1-46 推拉花箱壁

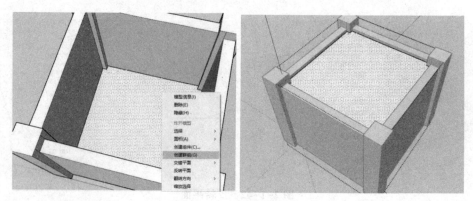

图 2-1-47　推拉种植土

⑩ 双击选中种植土的面，右键单击【创建群组】。推拉种植土的高度为440mm，如图2-1-47所示。

⑪ 动态输入快捷键B，打开材质编辑界面，选择"木质纹"材料，如图2-1-48所示。

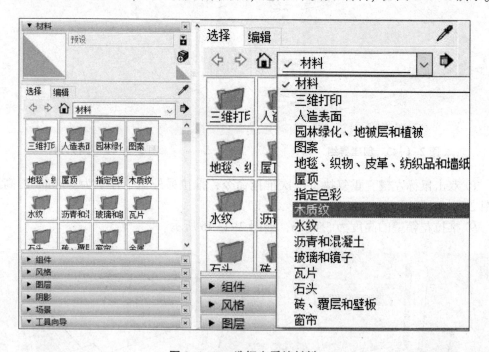

图 2-1-48　选择木质纹材料

⑫ 选择"原色樱桃木"贴图，左键单击，赋予花箱模型，如图2-1-49所示。

⑬ 在【编辑】面板中将纹理的尺寸设置为500mm×500mm，如图2-1-50所示。

⑭ 选择【园林绿化、地被层和植被】中的"模糊植被01"贴图，赋予种植土模型，完成园林花箱的制作，如图2-1-51所示。

⑮ 按下快捷键Ctrl+S，将文件保存为"花箱.skp"，如图2-1-52所示。

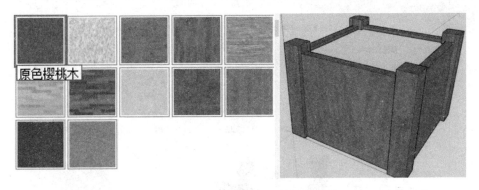

图 2-1-49　选择原色樱桃木材质

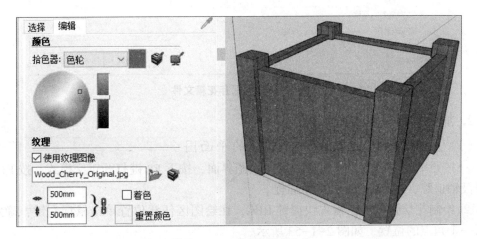

图 2-1-50　设置纹理尺寸

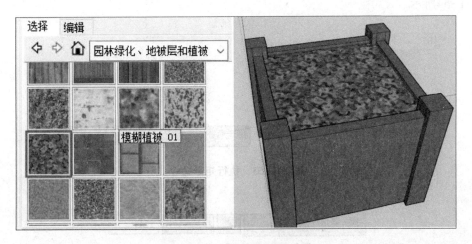

图 2-1-51　赋予种植土材质

图 2-1-52　保存花箱文件

## 2. 加强训练——组合花坛

（1）使用 AutoCAD 绘制组合花坛的平面图

① 按照单元一中的操作方法设置好绘图界面，按下 F8 键打开正交模式，按 F10 键打开极轴追踪，按 F3 键设置对象捕捉。

② 绘制花坛弧形沿，输入快捷键 REC，在绘图区任意位置单击鼠标左键，确定矩形第一个角点的位置，如图 2-1-53 所示。

③ 动态输入矩形的相对坐标值"@ 500，250"，回车确定，绘制辅助矩形，如图 2-1-54 所示。

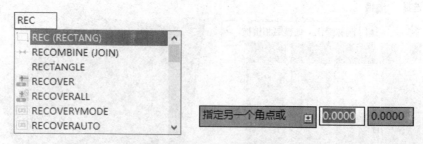

图 2-1-53　执行矩形命令

图 2-1-54　输入矩形坐标绘制矩形

④ 命令行输入 R，执行"圆弧"命令，捕捉矩形的三个点作为圆弧的起点、中点和终点完成花坛弧形沿部分的绘制，如图 2-1-55 所示。

⑤ 选中辅助矩形，按键盘上的 Delete 键删除。在命令行输入 L，执行"直线"命令，捕捉弧线的起点向上绘制长度为 800mm、500mm 和 800mm 的三条直线，完成矩形花坛沿的绘制，如图 2-1-56 所示。

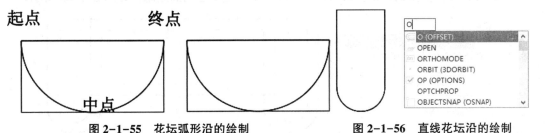

图 2-1-55　花坛弧形沿的绘制　　　　图 2-1-56　直线花坛沿的绘制

⑥ 命令行输入 O，执行"偏移"命令，指定偏移的距离为 100mm，回车确定。选择花坛的边线，分别向内偏移 100mm，如图 2-1-57 所示，绘制出花坛壁的厚度。

⑦ 捕捉花坛右上角点，在命令行输入 L，绘制长度为 1700mm 的直线，如图 2-1-58 所示。

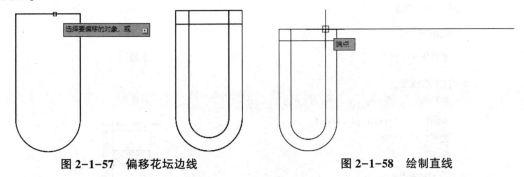

图 2-1-57　偏移花坛边线　　　　图 2-1-58　绘制直线

⑧ 命令行输入 O，执行偏移命令，选择新绘制的直线，分别向下偏移出距离为 100mm、500mm 和 100mm 的三条直线，如图 2-1-59 所示。

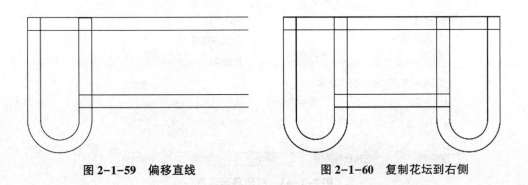

图 2-1-59　偏移直线　　　　图 2-1-60　复制花坛到右侧

⑨ 框选左侧花坛的线条，命令行输入 CO，执行"复制"命令。捕捉花坛左上角角点，将花坛复制到右侧一个，如图 2-1-60 所示。

⑩ 命令行输入 TR，如图 2-1-61 所示，执行"修剪"命令，回车确定。框选花坛的所有边线，点击鼠标右键确定。

⑪ 鼠标单击多余的线条，修剪掉，完成整个花坛平面图的绘制，如图 2-1-62 所示。

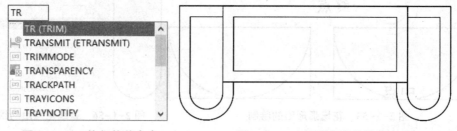

图 2-1-61　执行修剪命令　　　　图 2-1-62　修剪多余的线条

⑫ 根据园林花箱平面图打印方法进行虚拟打印，命令行输入 Ctrl+P，打开打印界面。选择刚刚设置的 Postscript Level 1 打印机，图纸选择 A4（210mm×297mm），勾选"打印到文件（F）"和"居中打印"选项，如图 2-1-63 所示。

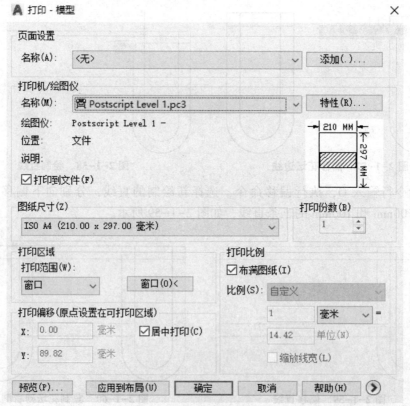

图 2-1-63　打印界面设置

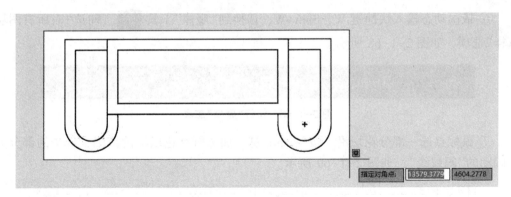

图 2-1-64　确定打印范围

⑬ 打印范围选择窗口模式，这时会切换到模型窗口，用鼠标捕捉左上角点和右下角点，确定打印具体范围，如图 2-1-64 所示。

⑭ 切换回打印界面，单击预览窗口，确认图纸打印准确，单击鼠标右键，选择"打印"。

⑮ 弹出浏览打印文件窗口，选择保存路径，文件名修改为"花坛.eps"，单击【保存】按钮完成打印，如图 2-1-65 所示。

图 2-1-65　打印图纸

（2）使用 Photoshop CC 绘制组合花坛的平面图

① 拖动"花坛.eps"文件到 Photoshop CC 2018 快捷方式图标上，在弹出的窗口中设置文件分辨率为 100 像素/英寸，模式为 RGB 颜色。单击【确定】按钮，打开文件。

② 按下快捷键 Ctrl+Shift+N，新建名为"底色"的图层。

③ 选中底色图层，动态输入快捷键 Ctrl+[，将图层的位置下移一层。

④ 动态输入快捷键 Ctrl+Delete，填充"底色"图层为白色，如图 2-1-66 所示。

⑤ 按下快捷键 Ctrl+Shift+N，新建名为"花坛沿"的图层，如图 2-1-67 所示。

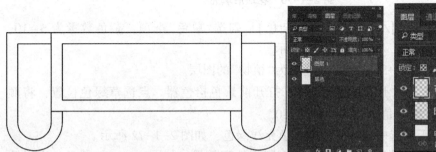

图 2-1-66　填充"底色"图层

图 2-1-67　新建花坛沿图层

⑥ 依次动态输入快捷键 W、Shift+W，切换到"魔棒"工具。勾选"对所有图层取样"选项，如图 2-1-68 所示。

图 2-1-68　执行"魔棒"工具

⑦ 鼠标点选一部分花坛沿，按住 Shift 键，加选所有花坛沿的范围，选中的部分变为闪动的"蚂蚁线"，如图 2-1-69 所示。

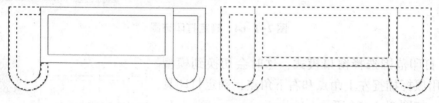

图 2-1-69　加选花坛沿的范围

⑧ 鼠标单击工具栏上的拾色器，打开前景色拾色器，点选浅灰色位置，RGB 值为"150，150，150"。

⑨ 按下快捷键 Alt+Delete，将花坛沿填充成浅灰色，如图 2-1-70 所示。

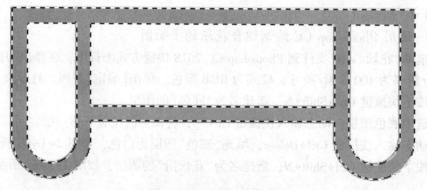

图 2-1-70　花坛沿填充

⑩ 执行【滤镜菜单】/【杂色】/【添加杂色】，勾选"单色"选项，杂色数量为 6~10，制作出石材的纹理效果，如图 2-1-71 所示。

⑪ 按下快捷键 Ctrl+Shift+N，新建名为"植物"的图层。

⑫ 鼠标单击工具栏上的拾色器，打开前景色拾色器。点选草绿色位置，将颜色设置为浅绿色，RGB 值为"150，250，80"。

⑬ 用"魔棒"工具选中草坪的范围，填充浅绿色，如图 2-1-72 所示。

⑭ 使用"滤镜"工具为草坪填充杂色，制作纹理效果，如图 2-1-73 所示，完成花坛彩色平面图的制作。

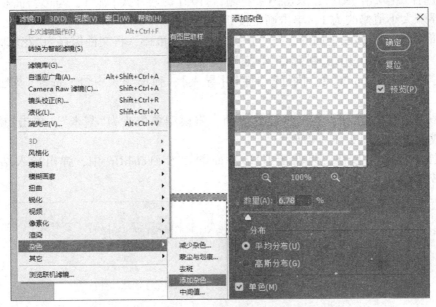

图 2-1-71　制作石材纹理效果

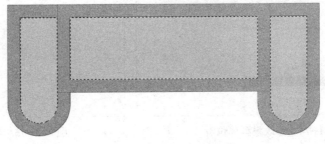

图 2-1-72　填充草地颜色

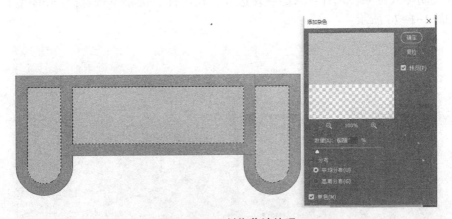

图 2-1-73　制作草地纹理

⑮ 选择"花坛沿"图层，双击图层右侧，打开【图层样式】窗口，勾选斜面和浮雕样式，将浮雕大小值修改为 1，单击确定按钮。

⑯ 最终完成的彩色平面图，按下快捷键 Ctrl+Shift+S，将文件保存为"花坛 .jpeg"。

（3）使用 SketchUp 制作组合花坛模型

① 打开 SketchUp 2018。执行【文件】/【导入】，弹出导入窗口，选择"花坛 .dwg"文件。

② 按下【选项】按钮，在选项设置界面，将模型单位改为"毫米"，单击【确定】按钮，完成设置，如图 2-1-74 所示。

③ 按下【导入】按钮，将花坛 CAD 平面图导入 SketchUp 中，弹出导入结果，如图 2-1-75 所示。

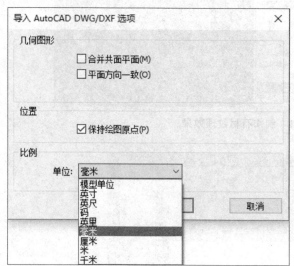
图 2-1-74　修改模型单位

图 2-1-75　导入结果

④ 关闭导入结果，选择导入的花坛边线，在鼠标右键菜单选择【炸开模型】将其分解，如图 2-1-76 所示。

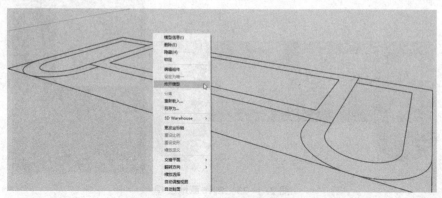
图 2-1-76　分解导入的线条

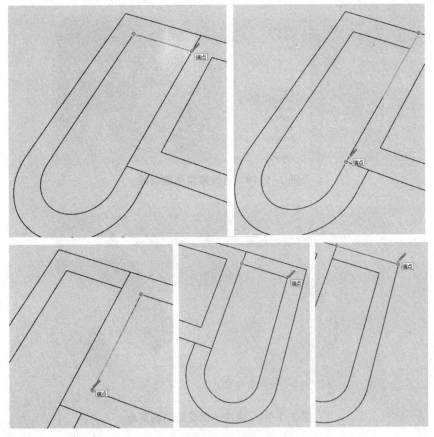

图 2-1-77 描线

⑤ 输入快捷键 L，在如图 2-1-77 所示花坛边缘线的位置分别描线，进行"封面"。

⑥ 封面后的效果如图 2-1-78 所示。

⑦ 鼠标左键双击左侧花坛沿，选择右键菜单的【创建群组】，如图 2-1-79 所示。

⑧ 双击进入组内，选中花坛沿，按下快捷键 P，向上推拉 400mm 的高度。鼠标单击空白位置，退出组的编辑，如图 2-1-80 所示。

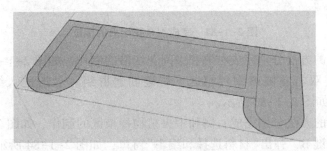

图 2-1-78 封面

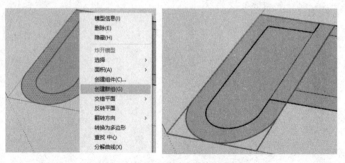

图 2-1-79　右键菜单创建群组

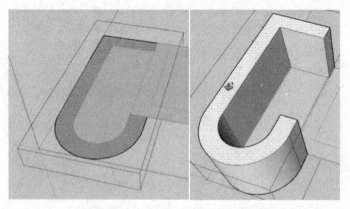

图 2-1-80　推拉一侧花坛沿的高度

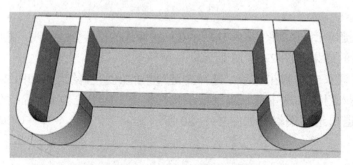

图 2-1-81　完成剩余花坛沿的推拉

⑨ 采用同样的方法分别完成右侧和中间花坛沿的制作，如图 2-1-81 所示。

⑩ 鼠标左键双击左侧植物种植区，右键创建群组。双击进入组内，向上推拉 350mm 的高度，如图 2-1-82 所示。

⑪ 采用同样的方法分别完成右侧和中央植物种植区的制作，如图 2-1-83 所示。

⑫ 按下快捷键 B，弹出"材料选择和编辑"窗口，如图 2-1-84 所示。

⑬ 选择石头材料中的浅灰色花岗岩，如图 2-1-85 所示。

图 2-1-82 一侧种植区制作

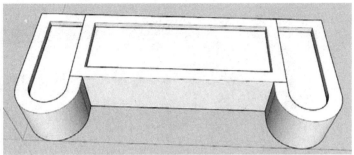
图 2-1-83 其他种植区制作

图 2-1-84 材料选择和编辑窗口　　图 2-1-85 选择花岗岩材质

⑭ 鼠标左键点选花坛沿，将浅灰色花岗岩材质赋予花坛沿，效果如图 2-1-86 所示。

⑮ 花坛弧形沿位置的材质纹理效过太密，如图 2-1-87 所示。双击进入组内，按下 Alt 键，鼠标变成吸管工具点选纹理正确的位置吸取样本材质。然后用鼠标点选错误的纹理位置，将纹理修改过来，如图 2-1-88 所示。

⑯ 点材料面板上的返回箭头 ⬅，选择【园林绿化、地被层和植被】中的"模糊植被 03"，将其赋予花坛植物种植区的位置，如图 2-1-89 所示。

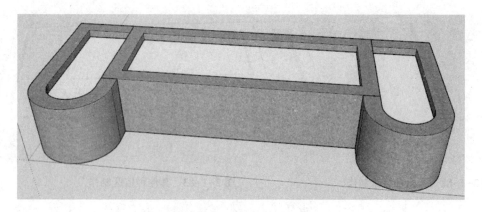

图 2-1-86　赋予花坛沿材质

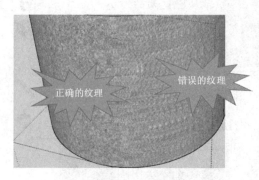

图 2-1-87　纹理调整 1

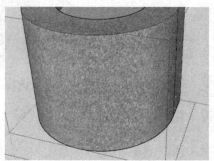

图 2-1-88　纹理调整 2

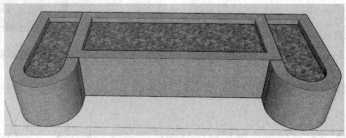

图 2-1-89　赋予花坛植物种植区材质

⑰ 选择花坛沿模型，右键菜单中选择【柔化/平滑边线】，勾选"平滑法线"和"软化共面"，去掉多余的线条，如图 2-1-90 所示。

⑱ 按下快捷键 Ctrl+S，将文件保存为"花坛.skp"。

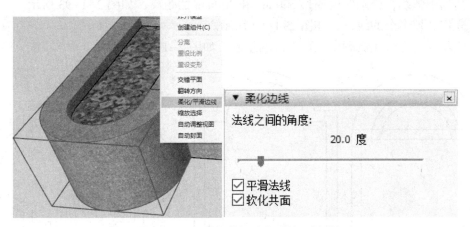

图 2-1-90　赋予花坛植物种植区材质

### 3. 进阶训练——欧式花坛

（1）使用 AutoCAD 绘制欧式花坛的平面图

① 绘制一条边长为 4000mm 的矩形。

② 执行"偏移"命令，将矩形向内偏移 300mm 的距离，如图 2-1-91 所示。

③ 执行绘图菜单中的"圆弧"命令，捕捉矩形边框的中点以及两个端点，以圆心-起点-端点的方式创建圆弧，如图 2-1-92 所示。

图 2-1-91　偏移矩形

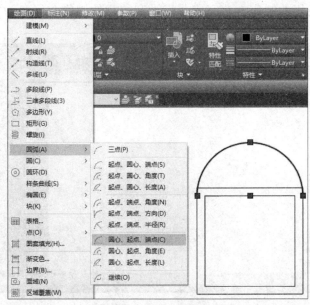

图 2-1-92　创建圆弧

④ 选中弧线，分别向内偏移 600mm 和 300mm 的距离，如图 2-1-93 所示。
⑤ 修剪掉多余的线条，如图 2-1-94 所示。
⑥ 相同的方法完成剩余三面弧线的绘制，如图 2-1-95 所示。

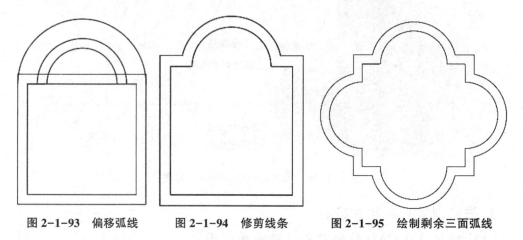

图 2-1-93　偏移弧线　　　图 2-1-94　修剪线条　　　图 2-1-95　绘制剩余三面弧线

⑦ 保存文件为"花坛.dwg"格式，按照园林花箱打印的方法，打印出"花坛边线.eps"文件。

（2）使用 Photoshop CC 绘制欧式花坛的平面图

① 拖动"花坛边线.eps"文件到 Photoshop CC 2018 快捷方式图标上，在弹出的窗口中设置文件分辨率为 100 像素/英寸，模式为 RGB 颜色。单击【确定】按钮，打开文件。

② 新建图层填充白色作为底色。

③ 按照组合花坛的制作方法完成花坛沿和植物的制作，保存为"花坛.jpeg"，如图 2-1-96 所示。

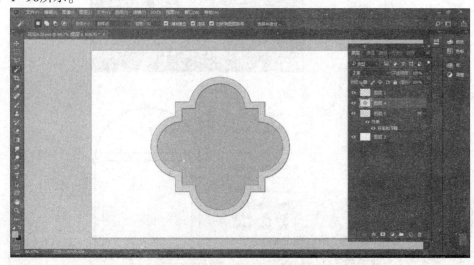

图 2-1-96　保存完成的图纸

(3) 使用 SketchUp 制作欧式花坛模型

① 导入"花坛.dwg"文件，封面，如图 2-1-97 所示。

② 制作花坛沿，推拉高度 1000，并赋予"卡其色拉绒石材"材质，如图 2-1-98 所示。

③ 制作花坛内植物，推拉高度 1200，并赋予"卡其色拉绒石材"材质，如图 2-1-99 所示。

图 2-1-97　封面

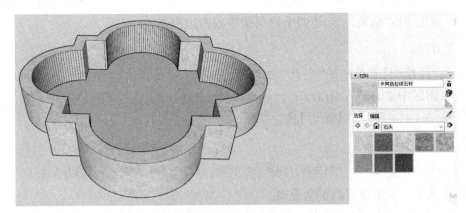

图 2-1-98　赋予花坛沿材质

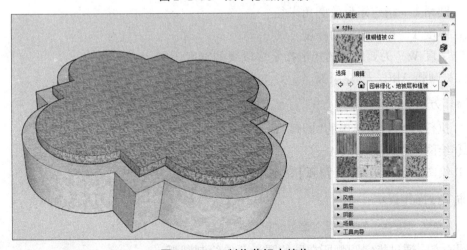

图 2-1-99　制作花坛内植物

### 常用知识点梳理

**1. AutoCAD 常用操作**

(1) 直线 LINE：使用直线命令可以创建连续的直线段，每条直线段可以单独编辑。

操作方法：
① 执行【绘图】菜单中的"直线"命令。
② 绘图区中动态输入 L。
③ 绘图工具栏中单击【直线】命令按钮。

命令行操作提示：

> LINE 指定下一点或 [放弃(U)]：

放弃 U：撤销上次绘制的一段直线。

（2）矩形 RECTANG：创建四个内角相等的四边形多段线。

操作方法：
① 执行【绘图】菜单中的"矩形"命令。
② 绘图区中动态输入 REC。
③ 绘图工具栏中单击【矩形】命令按钮。

命令行操作提示：

> RECTANG 指定第一个角点或 [倒角(C) 标高(E) 圆角(F) 厚度(T) 宽度(W)]：

① 倒角 C　设定矩形的倒角距离。
② 标高 E　指定矩形的标高。
③ 圆角 F　指定矩形的圆角半径。
④ 厚度 T　指定矩形的厚度。
⑤ 宽度 W　为要绘制的矩形指定多段线的宽度。

（3）圆弧 ARC：创建圆弧。

操作方法：
① 执行【绘图】菜单中的"圆弧"命令。
② 绘图区中动态输入 A。
③ 绘图工具栏中单击【圆弧】命令按钮。

命令行操作提示：

> ARC 指定圆弧的起点或 [圆心(C)]：

圆心 C：通过指定圆弧所在圆的圆心开始绘制圆弧。

（4）选择 SELECT：图形对象的选择。

操作方法：
① 框选　单击鼠标左键，从左往右选。
② 叉选　单击鼠标左键，从右往左选。
③ 全选　快捷键 Ctrl+A。

（5）移动 MOVE：将对象从一个位置移动到另一个位置。

操作方法：

① 执行【修改】菜单中的"移动"命令。

② 绘图区中动态输入 M。

③ 绘图工具栏中单击【移动】命令按钮。

（6）删除 Delete：将对象从一个位置移动到另一个位置。

操作方法：

① 执行【编辑】菜单中的"删除"命令。

② 按下键盘上的 Delete 键。

③ 绘图工具栏中单击【删除】命令按钮。

④ 执行【修改】菜单中的"删除"命令。

⑤ 选择对象后，单击鼠标右键，选择"删除"命令。

（7）复制 COPY：将所选的对象根据指定的位置复制一个或多个副本。

操作方法：

① 绘图工具栏中单击【复制】命令按钮。

② 执行【修改】菜单中的"复制"命令。

③ 动态输入快捷键 CO。

（8）偏移 OFFSET：将选定的对象向指定的方向复制移动一定的距离，创建与选定对象平行或同心的几何对象。

操作方法：

① 绘图工具栏中单击【偏移】命令按钮。

② 执行【修改】菜单中的"偏移"命令。

③ 动态输入快捷键 O。

（9）修剪 TRIM：沿着选定的边界，对多余的线条进行删减。

操作方法：

① 绘图工具栏中单击【修剪】命令按钮。

② 执行【修改】菜单中的"修剪"命令。

③ 动态输入快捷键 TR。

（10）相对坐标：CAD 中绝对坐标是原点"0，0"点，相对坐标是指 B 坐标相对于 A 坐标的相对位置。在用 CAD 进行绘图的时候，绝对坐标不常使用，因为绝对坐标为固定的原点，在规定别的物体的位置的时候，换算并不方便，而相对坐标就比较灵活了，所以大多采用相对坐标来完成制图任务。

操作方法：

动态输入"@ x，y"

**2. Photoshop CC 常用操作**

(1) 拾色器：设置前景色和背景色。

操作方法：

单击工具面板下方的【设置前景色】图标和【设置背景色】图标，打开拾色器面板。

① 在【拾色器】界面中左侧的主颜色框中单击鼠标选取颜色；

② 在【拾色器】右侧颜色文本框中输入 RGB 值；

③ 拖动主颜色框右侧颜色滑块调整颜色。

(2) 魔棒：范围选择工具。

操作方法：

根据图像的饱和度、色度或亮度等信息来创建对象选取范围。

① 单击工具面板上的魔棒工具图标；

② 动态输入快捷键 Shift+W；

③ 按住 Shift 键不放，魔棒带加号时可以加选选择范围。按住 Alt 键不放，魔棒带减号时可以减选选择范围。

相关参数：

① 容差值　容差值越大，可选颜色范围越大。

② 对所有图层取样　对所有图层中的图像进行取样操作。

③ 连续　选择所有符合的颜色范围的选区。

(3) 填充：颜色或图案填充工具。

操作方法：

快速选区内进行颜色或图案的填充。

① Alt+Delete 为选区填充前景色；

② Ctrl+Delete 为选区填充背景色；

③ 执行【编辑】菜单中的"填充"命令；

④ 快捷键 Shift+F5；

⑤ 双击图层右侧空白位置，勾选图案叠加图层样式。

相关参数：

不透明度　控制填充内容的不透明度。

(4) 图层：图层可以看作是含有文字或图形等元素的页面，一层层按顺序叠放在一起，组合起来形成文件的最终效果。

操作方法：

① 打开图层面板　快捷键 F7；

② 新建图层　Ctrl+Shift+N 新建图层或者单击图层面板下面的【新建图层】按钮；

③ 删除图层　单击图层面板下面的【删除图层】按钮；
④ 复制图层　快捷键 Ctrl+J；
⑤ 剪切复制图层　快捷键 Ctrl+Shift+J；
⑥ 图层的选择　在图层面板上，鼠标左键单击想要编辑的图层。按下移动工具，在绘图区内图像处单击右键，在右键菜单所列出的图层列表中选择最上面的图层，即为图像所在图层。勾选选项栏上的"自动选择"，可以单击选择图像所在的图层。

相关参数：

① 链接图层　将选中的多个图层进行链接，链接后的图层可同时进行相关操作。
② 不透明度　设置图层中图像的整体不透明度。
③ 锁定　锁定当前图层的属性，锁定时不可修改。
④ 合并图层　快捷键 Ctrl+E。
⑤ 图层顺序调整　鼠标拖拽图层向上或向下移动图层。快捷键 Ctrl+]向上移动一层，Ctrl+[向下移动一层，Ctrl+Shift+]向上置顶，Ctrl+Shift+[向下置顶。
⑥ 图层重命名　双击图层名或执行图层菜单中的图层重命名。

(5) 图层样式：特殊的图层效果。

操作方法：

选择一个图层，执行图层菜单中的图层样式，选定一种样式，确定。

相关参数：

① 斜面和浮雕　可以对图层添加高光与阴影的各种组合，使图层内容呈现立体的浮雕效果。
② 描边　在当前图层描画对象的轮廓(颜色或图案)。
③ 内阴影　为图像边缘内部增加投影效果，使图像产生立体和凹陷的外观效果。
④ 内发光　沿图层内容的边缘向内创建发光效果。
⑤ 光泽　用于创建光滑的内部阴影，为图像添加光泽效果。
⑥ 渐变叠加　为图像叠加渐变的颜色得到不同的渐变效果。
⑦ 图案叠加　为图像或选区叠加不同的图案，制作特殊的材质纹理效果。
⑧ 外发光　沿图层内容的边缘向外创建发光效果。

(6) 滤镜：通过改变图像像素的位置或颜色来实现各种特殊效果。

操作方法：

执行【滤镜】/【滤镜库】。

相关滤镜及其参数：

① 杂色滤镜　给图片添加一些随机的杂色的点，制作特殊的效果。设置杂色的数量值越大，杂色越浓。

平均分布：使用随机分布产生杂色。

高斯分布：根据高斯钟形曲线进行分布，产生的杂色效果更明显。

单色：选中此项，添加的杂色将只影响图像的色调，而不会改变图像的颜色。

② 模糊滤镜　模糊滤镜可以使图像中过于清晰或对比度过于强烈的区域，产生模糊效果。它通过平衡图像中已定义的线条和遮蔽区域的清晰边缘旁边的像素，使变化显得柔和。

③ 动感模糊　对图像沿着指定的方向（-360°~+360°），以指定的强度（1~999）进行模糊。

角度：设置动感模糊的角度。

距离：设置动感模糊的强度。

④ 径向模糊　模拟移动或旋转的相机产生的模糊。

数量：控制模糊的强度，范围 1~100。

旋转：按指定的旋转角度沿着同心圆进行模糊。

缩放：产生从图像的中心点向四周发射的模糊效果。

品质：有三种品质（草图、好、最好），效果从差到好。

⑤ 高斯模糊　按指定的值快速模糊选中的图像部分，产生一种朦胧的效果。

半径：调节模糊半径，范围是 0.1~250 像素。

### 3. SketchUp 常用操作

（1）选择

操作方法：

① 输入快捷键空格；

② 工具栏上按下选择工具图标。

（2）直线

操作方法：

① 单击绘图工具栏上的直线图标或输入快捷键 L；

② 通过鼠标指定方向，数值输入栏中长度值，回车完成直线的绘制；

③ 拆分　选中直线，右键选择拆分，可上下推动鼠标或数值栏中输入来调节拆分数量。

（3）推拉

操作方法：

① 单击绘图工具栏上的推拉图标或输入快捷键 P；

② 将光标放置到平面上，可上下推动鼠标或数值栏中输入来确定推拉的厚度；

③ 按下 Ctrl 键，向上复制推拉，可以保留推拉的边线；

④ 第二次推拉时双击鼠标中间，可以快速推拉相同的高度。

（4）创建群组

操作方法：

① 选择物体，单击右键菜单中的创建群组命令；

② 选择物体，执行【编辑】/【创建群组】；
③ 组的编辑　可双击鼠标左键进入组内修改，完成后单击组外任意位置退出；
④ 组的锁定与解锁　选择组，右键菜单中的"锁定"或"解锁"命令。
（5）材质编辑

操作方法：

① 执行【工具】/【材质】或者动态输入快捷键 B；
② 选择相应的材料贴图，点选物体，将材质赋予物体；
③ 在编辑面板修改长宽值可以调整贴图纹理；
④ 在编辑面板按下【浏览材质图像文件】按钮，根据路径选择外部材质贴图。

### 课后训练

**练习1**：根据组合花坛平面图完成 CAD 平面图的绘制、PS 彩平图和 SU 模型的制作，如图 2-1-100 所示。

**操作提示**：

（1）绘制边长为 2000mm 的矩形。
（2）向内偏移 120mm 的距离，完成花坛沿的制作。
（3）绘制辅助线，找到花坛的中心点。
（4）复制花坛到中心点。
（5）修剪多余的线条。

**练习2**：根据组合花坛平面图完成 CAD 平面图的绘制、PS 彩平图和 SU 模型的制作，如图 2-1-101 所示。

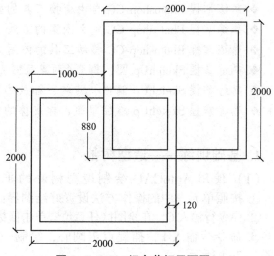

图 2-1-100　组合花坛平面图一

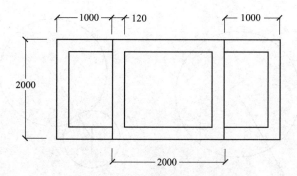

图 2-1-101　组合花坛平面图二

**操作提示：**
（1）绘制边长为2000mm的矩形。
（2）向内偏移120mm的距离，完成花坛沿的制作。
（3）捕捉花坛的边上的中心点，分别复制到两侧。
（4）修剪多余的线条。

## 二、园林树池座椅的绘制

 学习目标

- ❖ 熟练使用 AutoCAD 圆命令。
- ❖ 熟练使用 AutoCAD 阵列修改工具。
- ❖ 熟练掌握 Photoshop CC 自由变换工具的操作方法。
- ❖ 熟练掌握 Photoshop CC 定义图案的方法。
- ❖ 熟练掌握 Photoshop CC 移动工具的使用方法。
- ❖ 熟练掌握 SketchUp 圆、圆弧（两点画弧）命令的使用方法。
- ❖ 熟练掌握 SketchUp 偏移、旋转、缩放的使用方法。
- ❖ 熟练掌握 SketchUp 路径跟随、橡皮擦的使用方法。

### 1. 基础训练——造型树池

（1）使用 AutoCAD 绘制造型树池的平面图
① 按照单元一中的操作方法设置好绘图界面，设置好对象捕捉 F3。
② 命令行输入 C，在绘图区任意位置单击鼠标左键，确定圆心，圆弧半径为 750mm。
③ 命令行输入 L，捕捉点击圆心，绘制一条任意方向长度为 1080mm 的辅助线，如图 2-2-1 所示。
④ 命令行输入 C，以辅助线的另一端点为圆心，绘制半径为 400mm 的圆形，如图 2-2-2 所示。

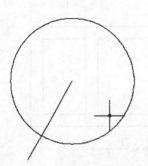 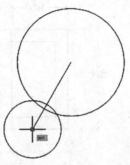

图 2-2-1 绘制圆形与辅助线　　图 2-2-2 绘制另一个圆形

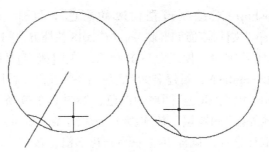

图 2-2-3　修剪弧线与辅助线

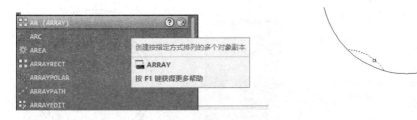

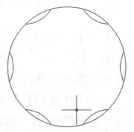

图 2-2-4　极轴阵列

⑤ 命令行输入 TR，剪掉圆形外部弧线，同时删除辅助线，如图 2-2-3 所示。

⑥ 执行阵列命令将绘制圆弧以圆心为中心阵列 6 个。命令行输入 AR，点击小段弧线，按下回车键，输入 PO，按下回车键，选择极轴阵列，如图 2-2-4 所示。点击圆心，按下回车键，完成弧线的阵列(默认阵列数为 6 个)，如图 2-2-5 所示。

图 2-2-5　阵列效果

⑦ 命令行输入 TR+空格+空格，点击弧线位置，修剪图形为图 2-2-6 所示，完成树池边沿的绘制。

⑧ 命令行输入 C，从圆心出发，向内绘制两个半径分别为 550mm、600mm 的圆形，完成树池的绘制，如图 2-2-7 所示。

⑨ 保存文件为"造型树池.dwg"文件。根据"园林花箱"平面图打印方法进行虚拟打印，图纸选择 A4(210mm×297mm)，打印出"造型树池.eps"文件，如图 2-2-8 所示。

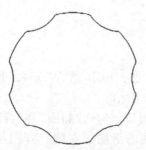 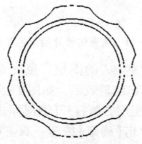 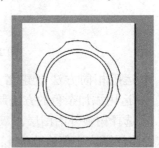

图 2-2-6　修剪多余弧线　　图 2-2-7　绘制内部圆形　　图 2-2-8　确定打印范围

（2）使用 Photoshop CC 绘制造型树池的彩色平面图

① 将"造型树池.eps"文件拖动到 Photoshop CC 2018 快捷方式图标上，在弹出的窗口中设置文件分辨率为 100 像素/英寸，模式为 RGB 颜色，单击【确定】按钮，打开文件。

② 按下快捷键 Ctrl+Shift+N，新建名为"底色"的图层，并将图层的位置下移一层。按下快捷键 Ctrl+Delete，填充"底色"图层为白色，如图 2-2-9 所示。

③ 新建名为"树池外沿"的图层。依次按下快捷键 W、Shift+W，切换到"魔棒"工具。勾选对所有图层取样选项，鼠标点选一部分花坛沿，按住 Shift 键，加选所有花坛沿的范围，选中的部分变为闪动的"蚂蚁线"，如图 2-2-10 所示。

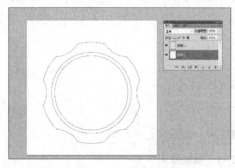 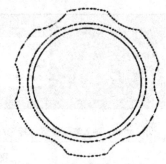

图 2-2-9　导入 EPS 文件　　　　图 2-2-10　"魔棒"工具做选区

④ 鼠标单击工具栏上的拾色器，点选浅灰色位置，将颜色设置为浅灰色，RGB 值为"160，163，157"。按下快捷键 Alt+Delete，将树池沿填充成浅灰色。运用相同方法将树池内沿填充为深黄色，RGB 值为"229，184，101"。

⑤ 执行【滤镜】/【杂色】/【添加杂色】，勾选"单色"选项，杂色数量为 6~10，制作出石材的纹理效果，如图 2-2-11 所示。

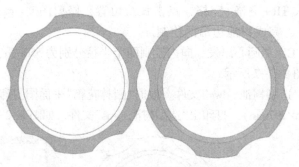

图 2-2-11　填充树池外沿颜色和杂色

⑥ 运用相同方法新建名为"树池"的图层，填充草绿色，RGB 值为"134，197，43"。并运用添加杂色的方法制作出纹理效果，如图 2-2-12 所示。

⑦ 选择树池外沿图层，双击图层右侧打开【图层样式】窗口，勾选"斜面"和"浮雕"样式，将浮雕大小值修改为 1，单击【确定】按钮。双击树池内沿图层右侧打开图层样式窗口，勾选投影，将距离值修改为 5，单击【确定】按钮，效果如图 2-2-13 所示。

图 2-2-12 填充草地颜色和杂色　　图 2-2-13 添加投影

⑧ 执行【文件】/【打开】，在弹出面板中找到植物素材0，如图 2-2-14 所示。按下快捷键 V，将鼠标移动到素材中的任意一个树例上，点击鼠标右键，在弹出的面板中点击最上一个图层，选中需要的植物图例并将其拖拽到树池座椅的文件中，放在树池上方，如图 2-2-15 所示。

图 2-2-14 打开素材文件　　图 2-2-15 选中树木素材

⑨ 选中植物图例，按下快捷键 Ctrl+T，进入自由变换命令，如图 2-2-16 所示，按住 Shift 键，并拖拽角点，进行等比放大，将树例调整到合适尺寸，按下回车键，结束命令。双击图层右侧打开图层样式窗口，勾选投影，将距离值修改为 25，单击【确定】按钮，如图 2-2-17 所示。

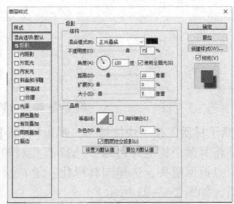

图 2-2-16 调整树木大小　　图 2-2-17 添加投影

图 2-2-18　造型树池座椅彩平图

⑩ 最终完成的彩色平面图，如图 2-2-18 所示，按下快捷键 Ctrl + Shift + S，将文件保存为"造型树池.jpeg"。

（3）使用 SketchUp 制作造型树池模型

① 导入文件　打开 SketchUp 2018，执行【文件】/【导入】，弹出导入窗口，选择"造型树池.dwg"文件。按下【选项】按钮，在【选项】设置界面，将模型单位改为【毫米】，单击【确定】按钮，完成设置。按下导入按钮，将造型树池 CAD 平面图导入 SketchUp 中。关闭导入结果，选择导入的造型树池边线，右键"炸开模型"将其分解。

② 模型封面　运用【圆弧】命令 ⌢，将导入图形中的曲线部分描一遍，鼠标单击圆弧的两个端点，第三点点击在圆弧中点上，如图 2-2-19 所示。将 6 段圆弧描完即可生成平面，同时输入 L，运用直线命令将两个圆形分割成单独平面。删除无用线段，得到完整图形，如图 2-2-20 所示。

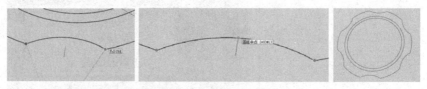

图 2-2-19　圆弧工具描弧线

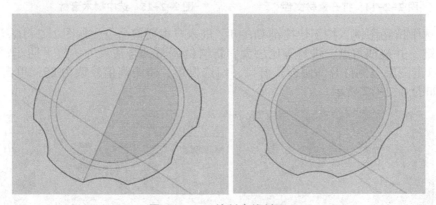

图 2-2-20　绘制直线封面

③ 赋予材质　按下快捷键 B，弹出【材料】编辑窗口。选择石头材料中的浅灰色花岗岩，并将其赋予树池外边缘。选择石头材料中的土其色拉绒石材，并将其赋予树池内边缘。点返回箭头，选择园林绿化、地被层和植被中的杜松植被，将其赋予树池草坪的材质，如图 2-2-21 所示。

④ 推拉建模　按下快捷键 P，将树池外边缘向上推拉 100mm，将树池内边缘向上推拉 150mm，将树池草坪向上推拉 130，如图 2-2-22 所示。

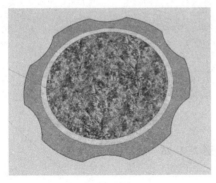
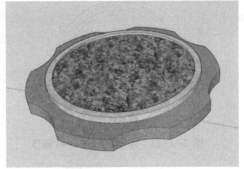

图 2-2-21　赋予材质　　　　　　　　图 2-2-22　推拉建模

⑤ 导入树木模型　执行【文件/导入】，打开组件文件夹，选择的文件格式为"skp"，找到需要的树木模型，点击导入，在树池中点击确认导入位置，完成造型树池的模型制作，如图 2-2-23 所示。

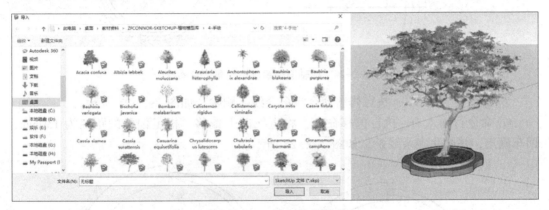

图 2-2-23　导入植物模型

### 2. 加强训练——树池座椅

（1）使用 AutoCAD 绘制树池座椅的平面图

① 设置好绘图界面，按下 F8 键，打开正交模式，按下 F10 键，打开极轴追踪，角度设置为 30mm，设置好对象捕捉 F3。

② 绘制树池座椅弧形边沿，命令行输入 C，在绘图区任意位置单击鼠标左键，确定圆心，圆弧半径为 2080mm。

③ 命令行输入 O，执行偏移命令将绘制圆形向内分别偏移 150mm 和 300mm，向外偏移 150mm，再做出三个圆形，如图 2-2-24 所示。

④ 打开对象捕捉设置，勾选端点、圆心和交点。

⑤ 命令行输入 L，执行直线命令从圆心绘制出正交辅助线，如图 2-2-25 所示。运用直线命令按照极轴追踪画出 30°角辅助线。改变极轴追踪角度为 10°，再次运用直线命令绘制出 10°角辅助线，如图 2-2-26 所示。

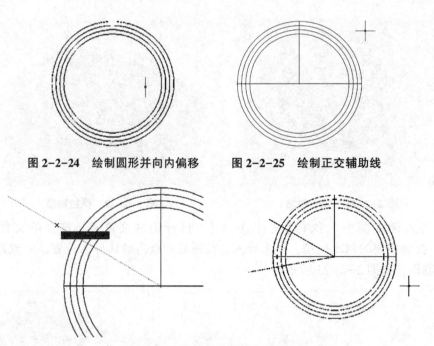

图 2-2-24　绘制圆形并向内偏移　　图 2-2-25　绘制正交辅助线

图 2-2-26　极轴追踪绘制不同角度辅助线

⑥ 命令行输入 TR，执行修剪命令将多余线条删除，如图 2-2-27 所示。

⑦ 命令行输入 O，执行偏移命令，将直线向上偏移，指定偏移的距离为 150mm，回车确定，并删除多余线条，如图 2-2-28 所示。

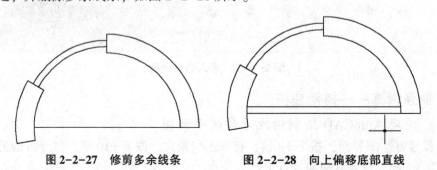

图 2-2-27　修剪多余线条　　图 2-2-28　向上偏移底部直线

⑧ 命令行输入 L，在上边直线中点单击鼠标左键，向下边直线做垂直辅助线。命令行输入 C，以垂足为圆心，绘制圆弧半径为 800mm 的圆形，删除辅助线。

⑨ 命令行输入 O，执行偏移命令将绘制圆形向内依次偏移 180mm、300mm、360mm，再绘出三个圆形，如图 2-2-29 所示。

⑩ 命令行输入 TR，执行修剪命令将多余线条删除，完成树池座椅的平面图绘制，如图 2-2-30 所示。

⑪ 保存文件为"树池座椅.dwg"，根据"园林花箱"平面图打印方法进行虚拟打印，图纸选择 A4（210mm×297mm），打印出"造型树池.eps"文件，如图 2-2-31 所示。

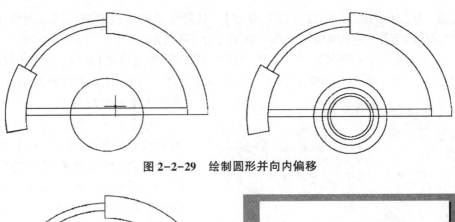

图 2-2-29　绘制圆形并向内偏移

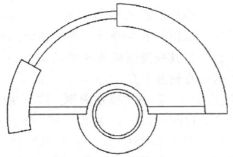

图 2-2-30　修剪多余线条

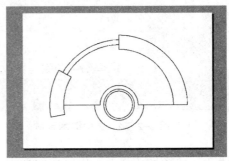

图 2-2-31　树池座椅打印范围

（2）使用 Photoshop CC 绘制树池座椅的彩色平面图

① 将"树池座椅.eps"文件拖动到 Photoshop CC 2018 快捷方式图标上，在弹出的窗口中设置文件分辨率为 100 像素/英寸，模式为 RGB 颜色，单击【确定】按钮，打开文件。

② 新建图层填充白色作为底色。

③ 按照"造型树池的彩色平面图"中的方法完成树池边沿和草坪的制作，如图 2-2-32 所示。

④ 新建座椅图层，将座椅部分用"魔棒"工具选中并添加任意颜色。将木材贴图在软件中打开，点击【编辑】，选择"定义图案"，在弹出的面板中点击【确定】。双击座椅

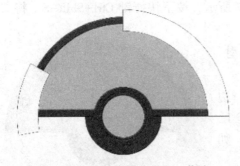

图 2-2-32　制作树池边沿、草地

图 2-2-33　制作树池座椅

图层右部，在弹出的面板中选择【图案叠加】，选择定义的木材贴图，调整缩放比例为75%，点击【确定】，完成座椅的制作，如图2-2-33所示。

⑤ 选择树池边沿和座椅图层，双击图层右侧打开【图层样式】窗口，勾选【斜面】和【浮雕】样式，将浮雕大小值修改为1，单击确定按钮。座椅图层同样重复上述操作，浮雕大小值修改为5。

⑥【文件】/【打开】，在弹出面板中找到植物素材0。按下快捷键V，将鼠标移动到素材中的想选择的一个树例上，点击鼠标右键，在弹出的面板中点击最上一个图层，如图2-2-34所示，选中植物图例并将其拖拽到树池座椅的文件中，放在树池上方。

⑦ 选中植物图例，按下快捷键Ctrl+T，进入"自由变换"命令，如图2-2-35所示，按住Shift键，并拖拽角点，进行等比放大，将树例调整到合适尺寸。双击图层右侧打开【图层样式】窗口，勾选"投影"，将距离值修改为25，单击【确定】按钮，如图2-2-36所示。

图 2-2-34　选中树木素材

图 2-2-35　调整树木大小

图 2-2-36　添加投影

⑧ 最终完成的彩色平面图，如图2-2-37所示，按下快捷键Ctrl+Shift+S，将文件保存为"树池座椅.jpeg"。

（3）使用SketchUp制作树池座椅模型

① 导入"树池座椅.dwg"文件。

② 关闭导入结果，选择导入的树池座椅边线，右键【炸开模型】将其分解。输入快捷键L，在中间圆形的圆心处向外作出一段辅助线，如图2-2-38所示。

③ 输入快捷键E，将所有圆形线条擦除，将

图 2-2-37　树池座椅彩平图

两边直线连接在一起，如图 2-2-39 所示。再次输入快捷键 L，在树池边缘线上分别描线，进行"封面"，封面效果如图 2-2-40 所示。

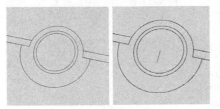 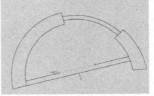 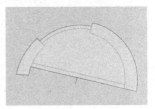

图 2-2-38　圆心处绘制辅助线　　图 2-2-39　删除所有圆形线条　　图 2-2-40　封面

④ 输入快捷键 L，在右侧弧线与直线的交点向下做一段辅助线，如图 2-2-41 所示。双击选中代表座椅的两个弧线形，输入快捷键 M，并按下 Ctrl 键，点击弧线形角点，运用移动复制命令将其复制一组到图形上方，如图 2-2-42 所示。

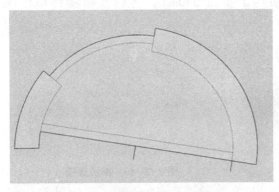 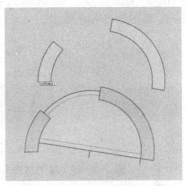

图 2-2-41　右侧弧线处绘制辅助线　　图 2-2-42　复制座椅部分弧线形

⑤ 选中右边弧线形上方弧线，输入快捷键 F，将弧线向内依次偏移 100mm、300mm，新作出两条弧线。左边弧线形运用相同方法操作，得到图形如图 2-2-43 所示。

⑥ 将多余线条删除，并将断开部分用直线连接，得到图形如图 2-2-44 所示。

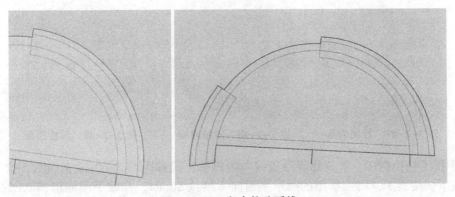

图 2-2-43　向内偏移弧线

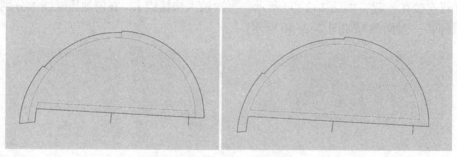

图 2-2-44 修剪多余线条

⑦ 按下快捷键 B，弹出【材料】编辑窗口。选择【石头】中的"浅灰色花岗岩"，并将其赋予树池座椅边沿。点返回箭头，选择【园林绿化、地被层和植被】中的"模糊植被03"，将其赋予树池草地的位置，如图 2-2-45 所示。

⑧ 按下快捷键 P，将树池边沿向上推拉 350mm，将树池植物种植区向上推拉 300mm，如图 2-2-46 所示。

图 2-2-45 赋予材质

图 2-2-46 推拉建模

⑨ 按下快捷键 C，在外部任意位置画出半径为 800mm 的圆形，并赋予浅灰色花岗岩的材质，如图 2-2-47 所示。按下快捷键 P，将其向上推拉 700mm，如图 2-2-48 所示。双击选中圆柱顶部平面，按下快捷键 S，按住 Ctrl 键将其缩放，缩放倍数为 0.625，如图 2-2-49 所示。

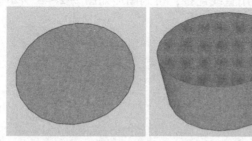
图 2-2-47 绘制圆形

图 2-2-48 推拉建模

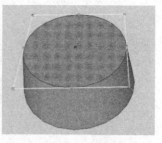
图 2-2-49 缩放顶面

⑩ 按下快捷键 F，将顶部圆形边线向内偏移，偏移距离为 60mm，如图 2-2-50 所示。按下快捷键 P，将偏移出的圆形平面向下推拉 50mm，并赋予模糊植被 03 的材质，如图 2-2-51 所示。

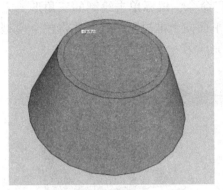
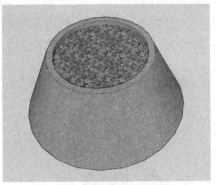

图 2-2-50　顶部圆形向内偏移　　　　图 2-2-51　向下推拉并赋予材质

⑪ 将整个树池部分模型创建成群组。输入快捷键 M，点击树池底部的圆心为基点，将其移动到辅助线定点位置，如图 2-2-52 所示。

⑫ 选中之前复制出去的两个弧线形，进行座椅部分的制作。选择木质纹材料中的原色樱桃木，并将其赋予座椅，同时将两部分座椅向上推拉 50mm，如图 2-2-53 所示。

⑬ 运用直线在座椅的一个角点向内绘制边长为 10mm 的正等腰三角形，如图 2-2-54 所示。

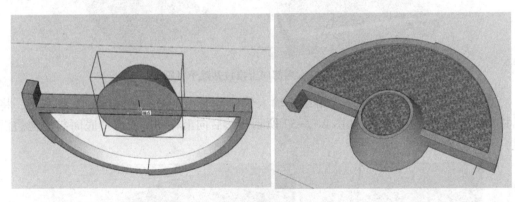

图 2-2-52　移动树池到辅助线位置

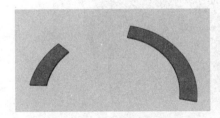
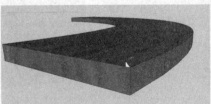

图 2-2-53　推拉制作座椅　　　　图 2-2-54　绘制三角形剖面

⑭ 双击选中座椅顶面，点击"路径跟随"命令，鼠标单击绘制的三角形，完后路径跟随命令，如图 2-2-55 所示。将内部凹陷平面向上推拉至平齐，并将整个模型赋予相同材质，如图 2-2-56 所示。运用相同方法完成另一个座椅的制作。

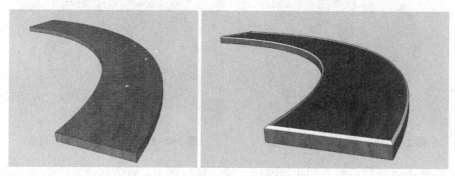

图 2-2-55　路径跟随

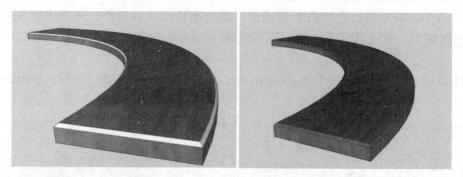

图 2-2-56　内部向上推拉并赋予材质

⑮ 将两部分座椅创建成一个群组。输入快捷键 M，点击座椅底部的左侧基点，将其移动到辅助线定点位置，如图 2-2-57 所示。然后向上移动，使座椅底面与树池边沿重合。

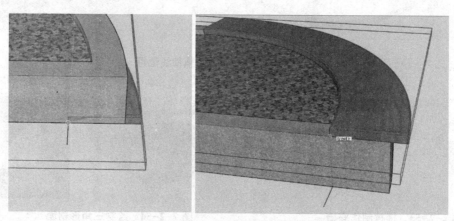

图 2-2-57　将座椅移动到辅助线位置

⑯ 删除辅助线，导入树木模型，完成整个树池座椅模型的制作，如图 2-2-58 所示。

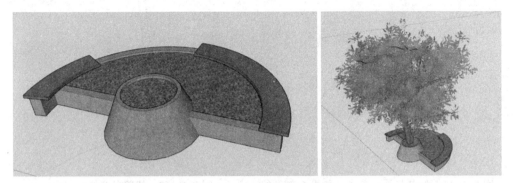

图 2-2-58 树池座椅效果

### 3. 进阶训练——树池围椅

（1）使用 AutoCAD 绘制树池围椅的平面图

① 执行绘制圆命令，绘制两个半径分别为 1475mm 和 900mm 的同心圆。

② 打开极轴追踪，角度设置为 5°。执行直线命令从圆心出发画出角为 5°的两条直线，如图 2-2-59 所示。在极轴追踪上右键点击，弹出面板中点击设置，将追踪角度设置为 6°，如图 2-2-60 所示。

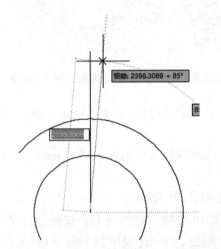

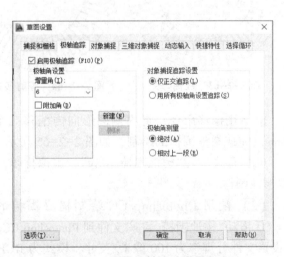

图 2-2-59 绘制圆形和夹角为 5°的辅助线　　图 2-2-60 设置极轴追踪增量角为 6°

③ 根据极轴追踪从圆心画出第三条直线，与第一条直线夹角为 6°，如图 2-2-61 所示。删除多余线段，得到如下三条线段，如图 2-2-62 所示。

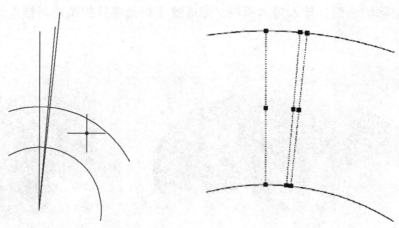

图 2-2-61　绘制与第一条线夹角为 6°辅助线　　图 2-2-62　修剪多余线条

④ 运用阵列命令将绘制出的三条线以圆心为基点，极轴阵列出 60 个，如图 2-2-63 所示。

修剪掉多余的线条，如图 2-2-64 所示。

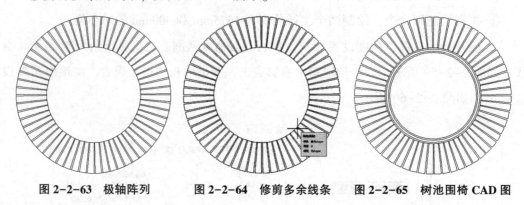

图 2-2-63　极轴阵列　　图 2-2-64　修剪多余线条　　图 2-2-65　树池围椅 CAD 图

⑤ 运用偏移命令，将内侧圆形向内偏移三个，偏移距离分别为 25mm、65mm 和 90mm。完成树池围椅的绘制，如图 2-2-65 所示。

⑥ 保存文件为"树池围椅.dwg"，虚拟打印，图纸选择 A4（210mm×297mm），打印出"树池围椅.eps"文件。

（2）使用 Photoshop CC 绘制树池围椅的彩色平面图

① 拖动"树池围椅.eps"文件到 Photoshop CC 2018 快捷方式图标上，在弹出的窗口中设置文件分辨率为 100 像素/英寸，模式为 RGB 颜色，单击【确定】按钮，打开文件。新建图层填充白色作为底色。

② 新建名为"围椅"的图层。依次按下快捷键 W、Shift+W，切换到"魔棒"工具，加选所有树池围椅的范围，选中的部分变为闪动的"蚂蚁线"，填充上任意颜色，如图 2-2-66所示。

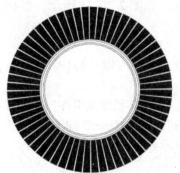
图 2-2-66 填充围椅颜色

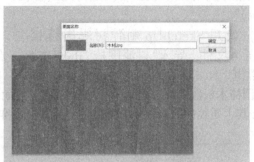
图 2-2-67 定义木纹图案

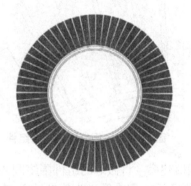

图 2-2-68 图案叠加

③ 将木材贴图在软件中打开，点击【编辑】，选择"定义图案"，在弹出的面板中点击【确定】，如图 2-2-67 所示。双击围椅图层右部，在弹出的面板中选择图案叠加，选择定义的木材贴图，调整缩放比例为 75%，点击【确定】，完成围椅的制作，如图 2-2-68 所示。

④ 按照"造型树池的彩色平面图"中的方法，运用填充颜色和杂色完成树池外延、围栏和植物的制作，如图 2-2-69 所示。树池外延和围栏勾选斜面和浮雕样式，将浮雕大小值修改为 1，单击【确定】按钮，效果如图 2-2-70 所示。

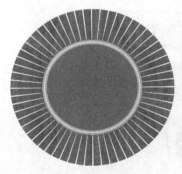
图 2-2-69 填充草地、围栏

图 2-2-70 添加投影

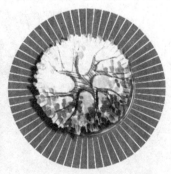
图 2-2-71 树池围椅彩平图

⑤ 添加树木素材和投影，完成树池围椅彩平图，如图2-2-71所示，保存为"树池围椅.jpeg"。

（3）使用SketchUp制作树池围椅模型

① 导入文件　导入"树池围椅.dwg"文件，点击鼠标右键选择【炸开模型】，确保线条无群组。

② 围椅木板建模　选中其中一块围椅板，封面，并将其创建成组件，如图2-2-72所示。赋予其木质纹中的木材接头材质贴图，并设置推拉高度为60mm，如图2-2-73所示。

 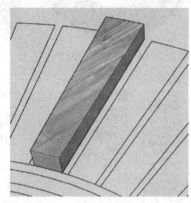

图2-2-72　围椅板创建成组件　　　　图2-2-73　赋予材质并向上推拉

③ 围椅建模　将做好的组件围绕圆心旋转复制60个。选中组件，输入快捷键Q，出现蓝色旋转平面，点击圆心为旋转轴心点，点击组件，按下Ctrl键，键盘输入6(旋转角度)，回车，键盘输入59X，回车，完成旋转复制，如图2-2-74所示。

④ 树池建模　在外部空白位置画出半径为900mm和810mm的两个同心圆，删除里面的平面，如图2-2-75所示。赋予环形平面材质为石头中大理石Carrera的材质贴图，并将其推拉140mm的高度，如图2-2-76所示。在推拉出的平面上绘制高度为45的矩形，如图2-2-77所示。运用圆弧命令绘制半圆形，删除多余线条，得到半圆形剖面，如图2-2-78所示。选中内侧圆形曲线为路径，点击"路径跟随"命令，单击半圆形剖面，创建出曲面顶面，赋予其相同材质，并创建为群组，如图2-2-79所示。运用移动命令，以圆心为基点，将群组移动到座椅中间，如图2-2-80所示。

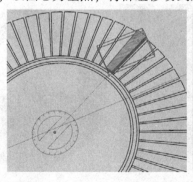 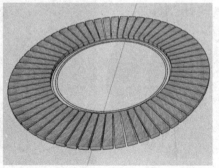

图2-2-74　旋转复制围椅木板

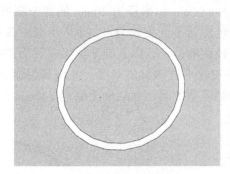

图 2-2-75 绘制圆环形

图 2-2-76 推拉建模

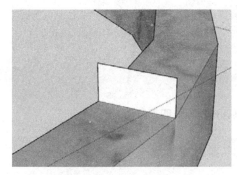

图 2-2-77 绘制矩形平面

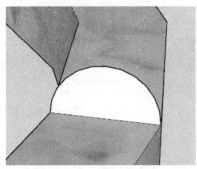

图 2-2-78 修改为半圆形剖面

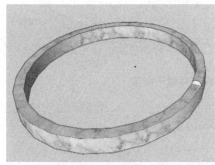

图 2-2-79 路径跟随

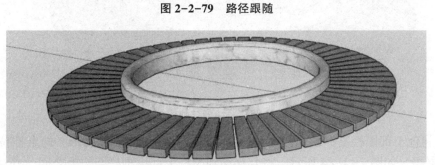

图 2-2-80 移动树池到围椅内部

⑤ 树池上部围栏建模　分别画出半径为855mm和半径为20mm的两个圆形（两个图形不交叉），运用旋转工具将小圆形沿绿色旋转平面旋转90°，并将小圆形移动到大圆形曲线中间，如图2-2-81所示。运用路径跟随命令，以大圆形圆弧曲线为路径，小圆形为剖面，创建出环形。赋予其金属里的拉丝不锈钢材质贴图，并将其创建成群组，如图2-2-82所示。以圆心为基点将其移动到模型中间，然后向上移动240mm的距离，使其在树池上方，如图2-2-83所示。

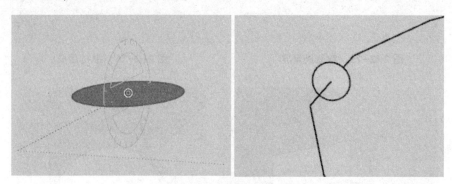

图 2-2-81　绘制圆形剖面与圆形路径

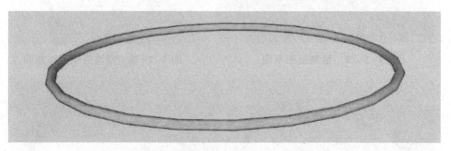

图 2-2-82　路径跟随并赋予材质

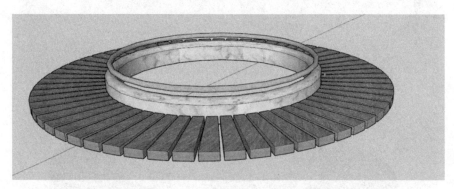

图 2-2-83　移动围栏到树池上部

⑥ 树池上部围栏支撑柱建模　在外部绘制半径为15mm的圆形，向上推拉75mm，创建成群组，如图2-2-84所示。将其移动到围栏下部，围栏与树池之间，并运用旋转复制命令，以圆心为基点复制出5个相同的支撑柱，如图2-2-85所示。

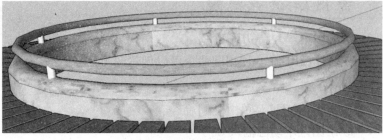

图 2-2-84 制作支撑柱　　　　　图 2-2-85 旋转复制支撑柱

⑦ 树池围椅基础建模　绘制出半径为 900mm 和 1330mm 的两个同心圆，将外部环形向上推拉 340mm，并赋予其浅灰色花岗岩的材质贴图。赋予内部圆形绿地模糊植被 03 的材质，并向上推拉 350mm，如图 2-2-86 所示。将其创建成群组，并以圆心为基点移动到模型下方，如图 2-2-87 所示。

⑧ 导入树木组件，完成树池围椅的模型制作，如图 2-2-88 所示。

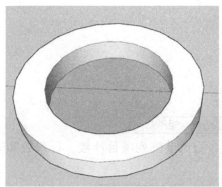
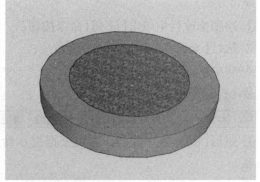

图 2-2-86 围椅基础建模

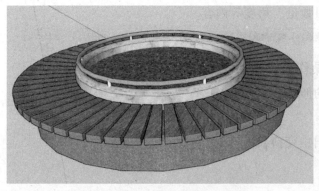

图 2-2-87 移动围椅基础到围椅下方　　　　　图 2-2-88 树池围椅模型

## 常用知识点梳理

### 1. AutoCAD 常用操作

（1）圆 CIRCLE：使用圆命令可以创建圆形。

操作方法：

① 执行【绘图】菜单中【圆】命令；

② 绘图区中动态输入 C；

③ 绘图工具栏中单击【圆】命令按钮。

命令行操作提示：

`CIRCLE 指定圆的圆心或 [三点(3P) 两点(2P) 切点、切点、半径(T)]:`

① 三点(3P) 通过圆周上三点绘制圆。

② 两点(2P) 通过圆直径两端点绘制圆。

③ 切点、切点、半径(T) 指定半径并和两个对象相切的圆。

（2）阵列 ARRAYRECT：按任一行、列和层级组合分布对象副本。

操作方法：

① 绘图修改栏中单击【阵列】命令按钮；

② 执行【修改】菜单中的【阵列】命令；

③ 动态输入快捷键 AR。

命令行操作提示：

`ARRAY 输入阵列类型 [矩形(R) 路径(PA) 极轴(PO)] <矩形>:`

① 矩形(R) 矩形阵列。并可根据提示命令行调节阵列项目计数、行列数和间距等内容。

`[关联(AS) 基点(B) 计数(COU) 间距(S) 列数(COL) 行数(R) 层数(L) 退出(X)] <退出>:`

② 极轴(PO) 围绕基点做环形阵列。点击阵列圆心点，极轴阵列出 6 个物体，并可根据提示命令行调节阵列项目数量、角度等内容。

`[关联(AS) 基点(B) 项目(I) 项目间角度(A) 填充角度(F) 行(ROW) 层(L) 旋转项目(ROT) 退出(X)] <退出>:`

### 2. Photoshop CC 常用操作

（1）自由变换：改变物体的形状。

操作方法：

① 执行【编辑】菜单中的【自由变换】命令。

② 快捷键 Ctrl+T。

相关参数：

① 缩放 拖拽控制点改变对象大小。按住 Shift 键，拖拽斜角可以等比缩放。

② 旋转　旋转选择对象。可以输入旋转角度精确旋转。
③ 水平翻转　水平方向翻转图片 180°。
④ 垂直翻转　垂直方向翻转图片 180°。

（2）定义图案：将图片定义为图案，可以在图案叠加时使用。

（3）图层样式—投影：双击图层后部，在弹出的图层样式中选择投影，为所选内容边缘外侧添加投影效果，投影的大小、颜色、方向可调整。

（4）移动工具

操作方法：

① 执行【工具栏】中的【移动】命令或者使用快捷键 V；
② 移动操作　在目标图像上点击右键确定图像所在图层，单击鼠标左键进行移动；
③ 微调　移动命令选中物体后，可以点击键盘上的上下左右方向键进行微调；
④ 不同文件中移动　在目标文件中运用移动命令选中目标图像，单击鼠标左键，拖拽图像至另一个文件中。

### 3. SketchUp 常用操作

（1）圆

操作方法：

① 单击绘图工具栏上的圆图标或输入快捷键 C；
② 边数　通过改变边数可以控制圆形的圆滑度；
③ 通过鼠标点击确定圆心位置，数值输入栏中半径值，回车完成圆的绘制。

（2）圆弧（两点画弧）

操作方法：

① 单击绘图工具栏上的圆弧（两点画弧）图标或输入快捷键 A；
② 边数　通过改变边数可以控制圆形的圆滑度；
③ 通过鼠标点击确定圆弧两个端点位置，或者确定起点位置，输入弦长距离确定第二个端点，拖动光标拉出弧高或者输入弧高，即可创建出圆弧。

（3）偏移

操作方法：

① 单击绘图工具栏上的偏移图标或输入快捷键 F；
② 在需要偏移的平面或线上单击，确定偏移参考点，可向内或向外拖动鼠标或数值栏中输入来确定偏移的距离；
③ 无法对单独线段或交叉线段进行偏移。

（4）旋转

操作方法：

① 单击绘图工具栏上的旋转图标或输入快捷键 Q；

② 拖动光标确定旋转平面和轴心点，可单击鼠标确定旋转角度，或输入角度数值后回车，完成旋转；

③ 连续旋转复制　在旋转对象时，同时按住 Ctrl 键可以进行复制旋转。在旋转复制完成后，在右下角命令框内输入"数量 X"可以将对象连续旋转复制；

④ 等分旋转复制　在旋转对象时，同时按住 Ctrl 键可以进行复制旋转。在旋转复制完成后，在右下角命令框内输入"数量/"可以在两个对象之间进行等分旋转复制，即等分旋转复制。

（5）缩放

操作方法：

① 单击绘图工具栏上的拉伸图标或输入快捷键 S；

② 将光标放置到物体控制点上，可拖动鼠标或数值栏中输入来确定缩放倍数；

③ 等比缩放　拖拽角点，出现"统一调整比例，在对角点附近"的提示，拖拽鼠标进行等比缩放；

④ 按住 Ctrl 键可进行中心缩放，非等比缩放时，按住 Shift 键切换统一调整。

（6）路径跟随

操作方法：

① 单击绘图工具栏上的路径跟随图标；

② 单击选择二维平面，将光标移动到作为路径的线段上，出现红色捕捉点，点击确定终点位置，形成三维物体。

（7）橡皮擦

操作方法：

① 单击绘图工具栏上的橡皮擦图标或输入快捷键 E；

② 在需要擦除的线段上单击，即可擦除线段。

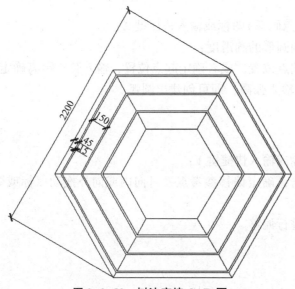

图 2-2-89　树池座椅 CAD 图

### 课后训练

**练习1**：根据树池座椅平面图完成 CAD 平面图的绘制、PS 彩平图和 SU 模型的制作，如图 2-2-89 和图 2-2-90 所示。

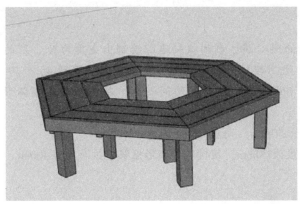
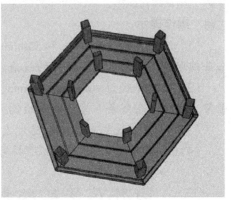

图 2-2-90  树池座椅模型

操作提示：

（1）绘制半径为 2200mm 内接于圆的六边形。

（2）向内偏移 45mm 的距离，完成座椅沿的制作。向内偏移 15mm 为座椅板空隙，向内偏移 150mm 为座椅木板宽度，并重复该操作。

（3）SU 建模过程中，座椅外侧木腿为边长 100mm，高度 450mm 的长方体。座椅内侧木腿为长 100mm，宽 50mm，高 450mm 的长方体。

（4）SU 建模过程中，座椅沿推拉高度为 95mm，座椅板推拉高度为 45mm。

**练习 2**：根据树池围椅平面图完成 CAD 平面图的绘制、PS 彩平图和 SU 模型的制作，如图 2-2-91 和图 2-2-92 所示。

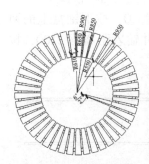
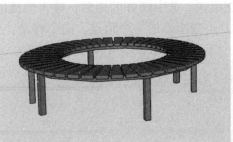

图 2-2-91  树池围椅 CAD 图  　　图 2-2-92  树池围椅模型

**操作提示：**

（1）绘制半径为 950mm 和 550mm 的同心圆，利用极轴追踪绘制出夹角为 6°、2° 的三条辅助线，并删除圆环以外的线条。运用极轴阵列将三条线段围绕圆心阵列 45 个。

（2）绘制半径为 900mm、850mm、650mm 和 610mm 的同心圆，制作座椅底部环形框架，删除多余线条，完成图形绘制。

（3）SU 建模过程中，座椅腿为边长 50mm、高度 400mm 的长方体。

（4）SU 建模过程中，座椅板推拉高度为 30mm，座椅底部环形框架推拉高度为 40mm。

## 三、园林花架的绘制

**学习目标**

- ❖ 熟练使用 AutoCAD 创建块和定数等分的基本命令。
- ❖ 熟练使用 AutoCAD 旋转、分解修改工具。
- ❖ 熟练使用 AutoCAD 拉伸修改工具。
- ❖ 熟练掌握 SketchUp 矩形命令的使用方法。
- ❖ 熟练掌握 SketchUp 旋转矩形命令的使用方法。
- ❖ 熟练掌握 SketchUp 卷尺命令的使用方法。
- ❖ 熟练掌握 SketchUp 辅助线的使用方法。

### 1. 基础训练——直线形花架

（1）使用 AutoCAD 绘制直线形花架的平面图

① 设置好单位和对象捕捉状态。输入快捷键 REC，按下键盘上的回车键确定，执行"矩形"命令。输入绘制尺寸为"@10400，100"，画出矩形作为花架的一根横梁。

② 输入 F8，打开正交模式。选中画好的矩形，输入快捷键 CO，按下键盘上的回车键确定，执行复制命令。点选矩形的一个角点，向上移动，并输入距离值 2100，按下回车键确定，复制出一个矩形，如图 2-3-1 所示。

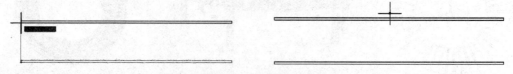

图 2-3-1 绘制矩形并移动复制

③ 输入快捷键 L，回车确定，执行"直线"命令将两个矩形的内侧角点连接起来，作出辅助线，如图 2-3-2 所示。

④ 输入快捷键 O，回车确定，执行偏移命令，命令行输入偏移距离值 360，回车确定，鼠标点选辅助线，向内单击，偏移出第二条辅助线。点击偏移出的辅助线端点，向下拉伸，距离值为 500，如图 2-3-3 所示。

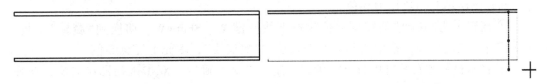

图 2-3-2　绘制辅助线　　　　　　　图 2-3-3　偏移并拉伸辅助线

⑤ 输入快捷键 REC，以第二条辅助线的新端点为起点，输入绘制尺寸为"@-80，2900"，画出矩形，如图 2-3-4 所示。

⑥ 输入快捷键 AR，回车确定，执行阵列命令，选择矩形阵列，输入行数 R，按下回车键，将行数改为 1，按下回车键结束行数命令；输入间距 S，将列间距改为 480；输入列数 COL，将列数改为 21，按下回车键确定，完成矩形的阵列，如图 2-3-5 所示。

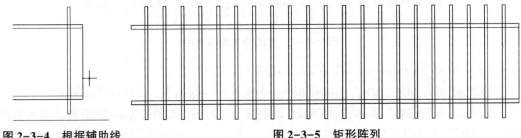

图 2-3-4　根据辅助线　　　　　　　图 2-3-5　矩形阵列
　　　　绘制矩形

⑦ 选中多余的辅助线，按下键盘上的 DELETE 键，删除多与线条，如图 2-3-6 所示，完成直线形花架的平面图绘制。

⑧ 保存文件为"直线形花架.dwg"，虚拟打印，图纸选择 A4（210mm×297mm），打印出"直线形花架.eps"文件。

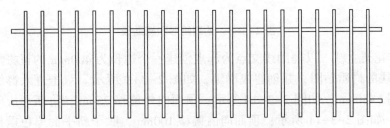

图 2-3-6　直线形花架 CAD 图

(2) 使用 Photoshop CC 绘制直线形花架的彩色平面图

① 拖动"直线形花架.eps"文件到 Photoshop CC 2018 快捷方式图标上，在弹出的窗口中设置文件分辨率为 100 像素/英寸，模式为 RGB 颜色，单击【确定】按钮，打开文件。新建图层填充白色作为底色。

② 新建名为"花架"的图层。依次按下快捷键 W、Shift+W，切换到"魔棒"工具，加选所有花架的范围，选中的部分变为闪动的"蚂蚁线"，填充上任意颜色。

③ 将木材贴图在软件中打开，编辑，定义图案，确定。双击围椅图层右部，在弹出的面板中选择图案叠加，选择定义的木材贴图，调整缩放比例为 75%，确定，完成花架的制作。

④ 双击花架图层后部，在弹出的图层样式中选择投影，调整距离为 11mm，完成投影制作。直线形花架彩平图如图 2-3-7 所示。

图 2-3-7　直线形花架彩平图

(3) 使用 SketchUp 制作直线形花架模型

① 打开 SketchUp 2018，选择模板为【建筑设计—毫米】，设置好绘图界面。

② 制作花架底部　输入快捷键 R，绘制宽 3050mm、长 9900mm 的矩形；输入快捷键 T，沿矩形四条边向内做辅助线，距离为 300mm，辅助线用于定位花架立柱，如图 2-3-8 所示。

图 2-3-8　绘制矩形和辅助线

③ 制作花架立柱　以辅助线交点为起点创建一个边长为 400mm 的正方形，赋予其正切灰色石块的材质贴图，并创建成群组，如图 2-3-9 所示。双击进入群组内，将正方形向上推拉 450mm，如图 2-3-10 所示；顶面向外偏移 25mm，将新形成的平面向上推拉 50mm，如图 2-3-11 所示；顶面向内偏移 100mm，赋予新平面原色樱桃木的材质贴图，向上推拉 200mm；顶面向内偏移 50mm，向上推拉 1800mm，如图 2-3-12 所示。

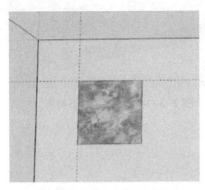
图 2-3-9 绘制正方形平面

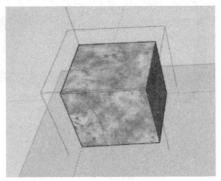
图 2-3-10 创建成组并推拉高度

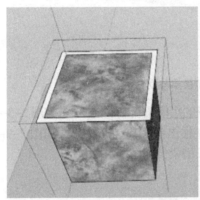
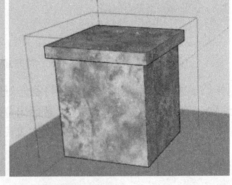
图 2-3-11 向外偏移并向上推拉

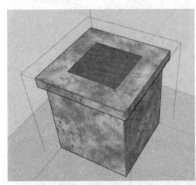

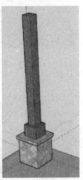
图 2-3-12 重复偏移推拉命令制作木质立柱

④ 制作短横梁 运用【旋转矩形】工具,以立柱角点为起点,绘制长2600mm,宽150mm的矩形,并将矩形创建成群组,如图2-3-13所示;赋予其原色樱桃木的材质贴图,并向前推拉75mm,如图2-3-14所示;向下移动短横梁,移动距离为230mm,调整横梁位置,使其居于立柱中心,横梁穿出立柱出头距离为200mm,如图2-3-15所示。

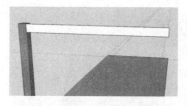
图 2-3-13 绘制矩形

图 2-3-14 推拉并赋予材质

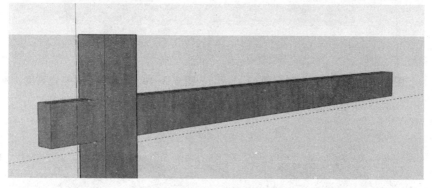
图 2-3-15 对齐短横梁与立柱

⑤ 制作长横梁　运用旋转复制工具将制作好的短横梁复制旋转90°，如图2-3-16所示，移动调整位置，使其居于立柱中心，横梁穿出立柱出头距离为200mm，如图2-3-17所示；双击进入群组，将其继续推拉6900mm，制作成长横梁，如图2-3-18所示。

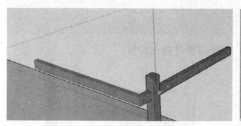
图 2-3-16 旋转复制短横梁

图 2-3-17 移动调整位置

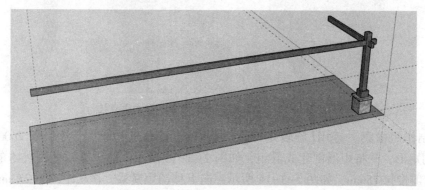
图 2-3-18 推拉长横梁

⑥ 复制调整，完成立柱与横梁建模　选中立柱与长横梁，以立柱角点为基点，向右侧移动复制到辅助线交点处，如图 2-3-19 所示；选中两个立柱与短横梁，以立柱角点为基点，向后侧移动复制到辅助线交点处，键盘输入/3X，回车，复制出三组立柱与短横梁，如图 2-3-20 所示。

图 2-3-19　移动立柱与长横梁

⑦ 制作花架顶部长木方　运用旋转矩形命令在外部绘制长 10400mm、宽 200mm 的矩形；运用卷尺工具将上边向下 80mm 作出辅助线，左右两侧边向内 260mm 作出辅助线，如图 2-3-21 所示；运用直线连接辅助线交点，完成图形，如图 2-3-22 所示；赋予其原色樱桃木的材质贴图，并向前推拉 100mm，将做成的长木方创建成群组，如图 2-3-23 所示；运用移动命令，将长木方向右移动复制一个，移动距离为 2000mm，如图 2-3-24 所示。

⑧ 制作花架顶部短木方　运用旋转矩形命令在外部绘制长 2900mm，宽 200mm 的矩形；运用卷尺工具将上边向下 100mm 作出辅助线，左右两侧边向内 300mm 作出辅助

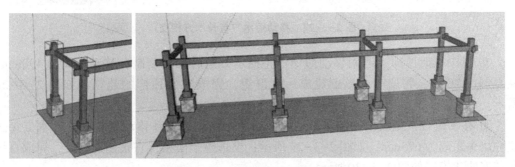

图 2-3-20　移动复制立柱与短横梁

图 2-3-21　绘制矩形和辅助线

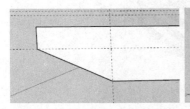

图 2-3-22　修改木方端头图形

图 2-3-23　推拉建模

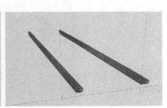

图 2-3-24　移动复制

线，如图2-3-25所示；运用直线连接辅助线交点，完成图形。赋予其原色樱桃木的材质贴图，并向前推拉80mm，将做成的短木方创建成群组，如图2-3-26所示；将短木方与木方移动到一起，短木方穿过长木方出头距离为400mm，长木方穿过短木方出头距离为260mm，如图2-3-27所示。

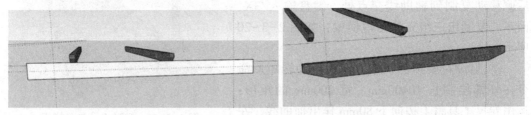

图 2-3-25 绘制短木方矩形　　　　图 2-3-26 推拉建模

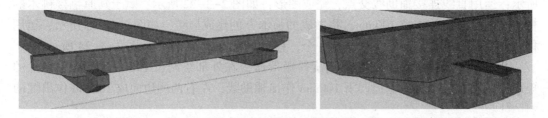

图 2-3-27 移动短木方与长木方相交

⑨ 制作花架顶部　运用移动命令，将横木方向后移动复制，移动距离为490mm，共复制出20个；将所有木方创建成一个群组，完成花架顶部的建模，如图2-3-28所示。

⑩ 移动组合，完成模型制作　运用移动命令将花架顶部移动到立柱上，木方穿过立柱出头距离为675mm，如图2-3-29所示；框选整个模型，右键创建组件，完成直线形花架的建模，如图2-3-30所示。

图 2-3-28 移动复制短木方

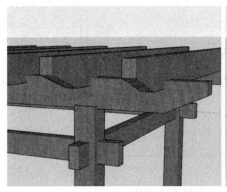
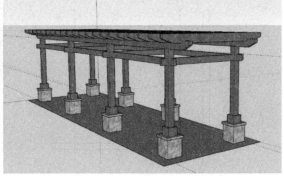

图 2-3-29　移动组合　　　　　　　图 2-3-30　直线形花架模型

### 2. 加强训练——折线形花架

（1）使用 AutoCAD 绘制折线形花架的平面图与立面图

使用 AutoCAD 绘制折线形花架平面图：

① 设置好单位和对象捕捉状态　执行矩形命令绘制出尺寸为"@3310，120"和"@120，2930"的两个矩形，如图 2-3-31 所示。

② 输入 X，执行分解命令将两个矩形分解。执行偏移命令将两个矩形的短边分别向内偏移 310mm 的距离，做出辅助线；移动其中一个矩形，使两个矩形相交，矩形出头距离均为 310mm，如图 2-3-32 所示。

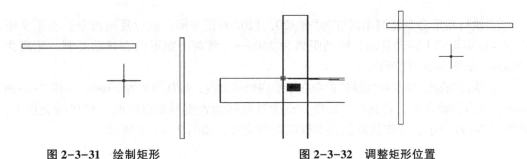

图 2-3-31　绘制矩形　　　　　　　图 2-3-32　调整矩形位置

③ 执行复制命令，在正交模式下，将上面矩形向下移动复制，移动距离为 2190mm；将左侧矩形向右移动复制，移动距离为 2570mm，如图 2-3-33 所示。

④ 执行偏移命令将左侧矩形内边线向右偏移 450mm，修剪出头线条，继续向内偏移 50mm，如图 2-3-34 所示；重复上述操作，如图 2-3-35 所示；执行相同命令偏移上部矩形的下边线，偏移距离为 480mm，修剪出头线条，继续向内偏移 50mm，并重复上述操作，如图 2-3-36 所示。

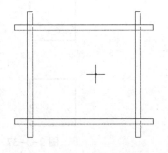

图 2-3-33　向下向右复制矩形

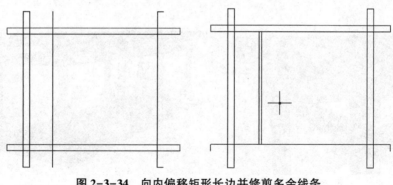

图 2-3-34　向内偏移矩形长边并修剪多余线条

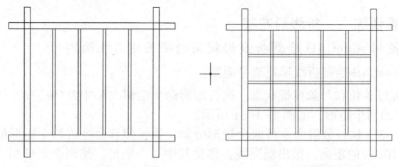

图 2-3-35　向内偏移线条　　　　图 2-3-36　旋转复制线条

⑤ 执行矩形命令绘制出尺寸为"@120，120"的正方形，执行复制命令，在正交模式下，将矩形向上移动复制，移动距离为220mm；将两个矩形向右移动复制，距离为220mm，如图2-3-37所示。

⑥ 执行"直线"命令和"偏移"命令在矩形内做辅助线，偏移距离为10mm，如图2-3-38所示；执行移动命令，将其以辅助线交点为基点移动到矩形木框内两个矩形的交点上，如图2-3-39所示；并将其复制到木框四角的位置，如图2-3-40所示。

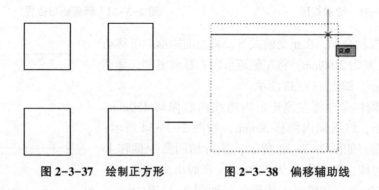

图 2-3-37　绘制正方形　　　　图 2-3-38　偏移辅助线

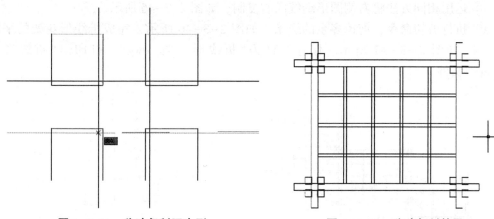

图 2-3-39　移动复制正方形　　　　图 2-3-40　移动复制效果

⑦ 执行"复制"命令，将图形左侧部分选中，拾取点如图 2-3-41 所示，复制移动到图形右侧，复制基点位置如图 2-3-42 所示；输入快捷键 S，进入拉伸命令，选中上方的矩形横条的右侧部分，上下边和右侧边变为虚线，单击矩形右边中点为角点水平向右拖拽，输入数值 500，回车，完成图形拉伸，如图 2-3-43 所示；将下方矩形横条运用相同方法向右拉伸 500mm，并补齐内部木条与右侧木框位置，如图 2-3-44 所示。

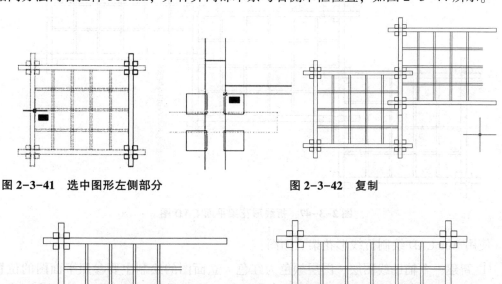

图 2-3-41　选中图形左侧部分　　　　图 2-3-42　复制

图 2-3-43　拉伸　　　　图 2-3-44　补齐内部木条

⑧ 运用相同方法将右侧图形继续向右复制，如图2-3-45所示。

⑨ 执行剪切命令，剪掉多余的线条，如图2-3-46所示，完成折线形花架的平面图绘制，如图2-3-47所示。保存文件为"折线形花架.dwg"，打印出"折线形花架.eps"文件。

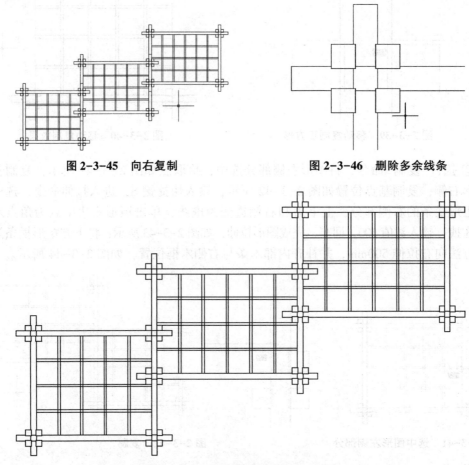

图 2-3-45　向右复制　　　　　　图 2-3-46　删除多余线条

图 2-3-47　折线形花架平面 CAD 图

使用 AutoCAD 绘制折线形花架立面图：

① 新建一个辅助线图层，图层颜色为红色。立面图的绘制主要参照平面图的位置关系，所以要在辅助线图层中运用直线命令沿平面图中横梁两端向下作辅助线，确定立面图横梁位置，如图2-3-48所示。执行直线命令沿红色辅助线绘制横梁矩形，高度为250mm，如图2-3-49所示。

② 运用相同方法绘制辅助线定位花架的立柱位置，如图2-3-50所示，执行直线命令绘制花架立柱，立柱总高度为2650mm，立柱超出横梁距离为200mm，如图2-3-51所示；绘制完四组立柱后，删除多余线条，如图2-3-52所示。

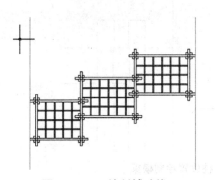

图 2-3-48　绘制辅助线
确定立面图横梁位置

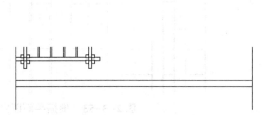

图 2-3-49　绘制横梁矩形

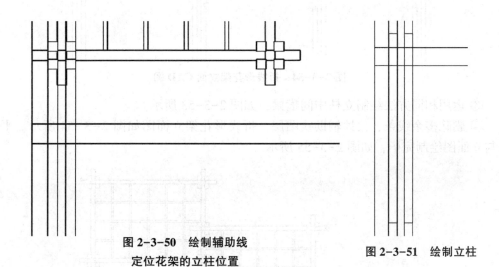

图 2-3-50　绘制辅助线
定位花架的立柱位置

图 2-3-51　绘制立柱

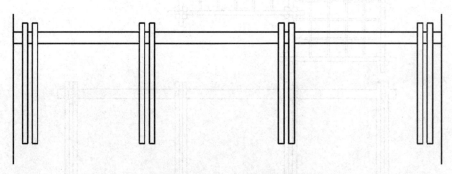

图 2-3-52　完成立柱绘制

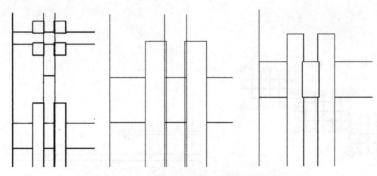

图 2-3-53 根据平面图立柱位置绘制横梁

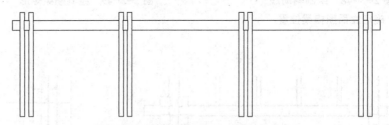

图 2-3-54 折线形花架立面 CAD 图

③ 运用相同方法绘制立柱中间横梁，如图 2-3-53 所示。

④ 删除多余线条，关掉辅助线图层，折线形花架立面图如图 2-3-54 所示。平面图与立面图绘制完毕，如图 2-3-55 所示。

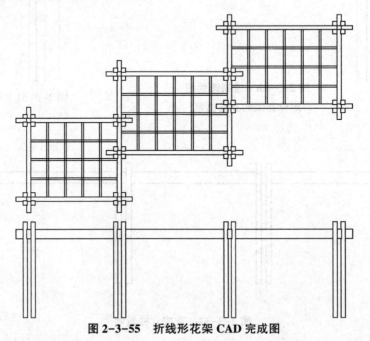

图 2-3-55 折线形花架 CAD 完成图

（2）使用 Photoshop CC 绘制折线形花架的彩色平面图

参照"直线形花架的彩平图"的制作法，运用定义图案和图案叠加的方式添加材质，如图 2-3-56 所示。制作投影，完成折线形花架的彩色平面图，如图 2-3-57 所示。

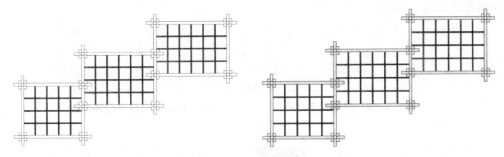

图 2-3-56　图案叠加

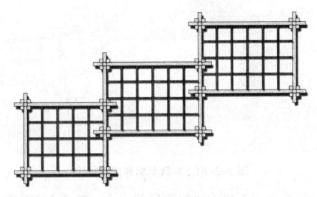

图 2-3-57　折线形花架彩平图

（3）使用 SketchUp 制作折线形花架模型

① 导入"折线形花架.dwg"文件，导入线条不炸开，作为建模的参照，如图 2-3-58 所示。

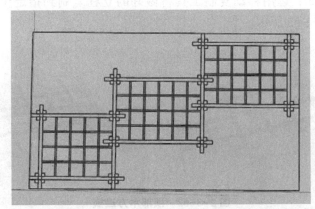

图 2-3-58　导入文件

② 制作横梁　运用矩形工具根据导入线条位置绘制矩形横梁，如图 2-3-59 所示；赋予绘制矩形定向刨花木板材质贴图，并向上推拉 250mm；创建成群组，如图 2-3-60 所示；将做好的横梁移动复制（旋转复制）到其他位置，长度不一致的进入群组内再次推拉到合适长度，如图 2-3-61 所示。

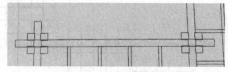 

图 2-3-59　封面赋予材质　　　　图 2-3-60　推拉建模并成组

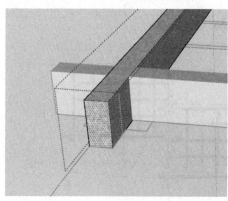 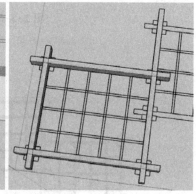

图 2-3-61　旋转复制和继续推拉

③ 制作顶部木方　运用上述方法制作顶部木方，赋予木方原色樱桃木的材质贴图，推拉高度为 50mm；运用移动工具将做好的木方向上移动至与横梁平齐，如图 2-3-62 所示。

④ 制作花架立柱　运用上述方法制作立柱，立柱材质为定向刨花木板材质贴图，推拉高度为 2650mm；运用移动复制工具将做好的立柱复制到指定位置，并向下移动 2200mm，如图 2-3-63 所示。

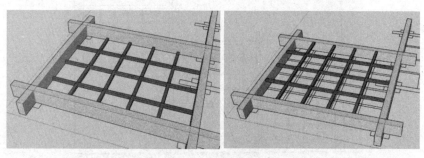

图 2-3-62　顶部木方建模

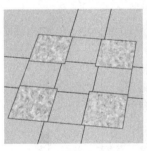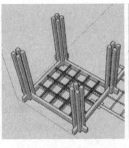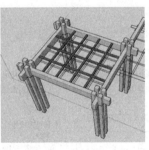

图 2-3-63 立柱建模

⑤ 用上面方法继续制作右侧两个花架。完成后，删除导入的线条，制作好的折线形花架如图 2-3-64 所示。

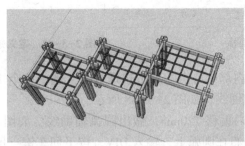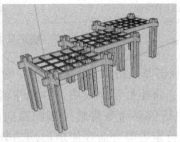

图 2-3-64 折线形花架模型

### 3. 进阶训练——弧线形花架

（1）使用 AutoCAD 绘制弧线形花架的平面图

① 设置好单位和对象捕捉状态　执行圆命令绘制出半径为 4000mm 和 4080mm 的两个同心圆。打开正交和极轴追踪，执行直线命令画出从圆心出发的水平直线和辅助线，线条夹角度数为 110°，如图 2-3-65 所示。修剪掉多余圆弧，如图 2-3-66 所示。

② 绘制宽 80mm、长 2300mm 的矩形，将四个角点用直线连接做出辅助线，确定矩形的内部中心点。输入 B，按下回车键，在弹出面板中，如图 2-3-67 所示，输入块名

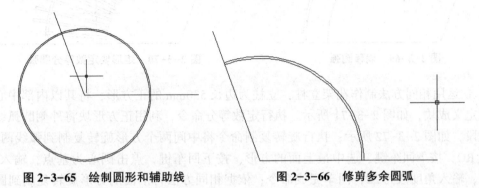

图 2-3-65　绘制圆形和辅助线　　　　　图 2-3-66　修剪多余圆弧

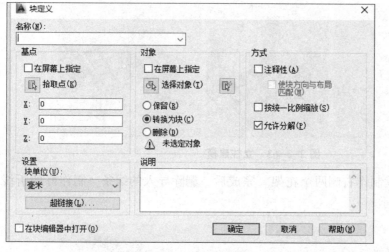

图 2-3-67　块定义面板

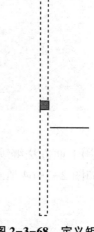

图 2-3-68　定义矩形为块

称为 0，点击基点拾取点，点击矩形的内部中心点，点击选择对象，选中整个矩形，按下回车键，将矩形定义成块，并删除辅助线，如图 2-3-68 所示。

③ 执行偏移命令将最外侧圆弧向内偏移 720mm，做出圆弧辅助线，如图 2-3-69 所示。执行定数等分命令使矩形均匀分布在圆弧上，输入 DIV，按下回车键，鼠标选中偏移出的圆弧辅助线，输入 B，按下回车，输入块名称 0，按下回车键两次，输入分段数为 23，按下回车；删除圆弧辅助线，如图 2-3-70 所示。

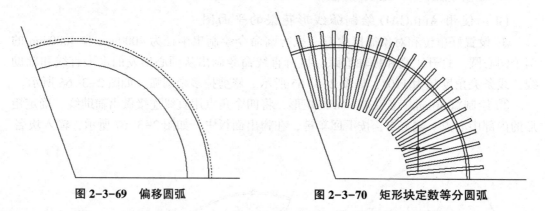

图 2-3-69　偏移圆弧　　　　　　　图 2-3-70　矩形块定数等分圆弧

④ 运用相同方法制作花架立柱，立柱为边长 530mm 的正方形，将其以内部中心为基点定义成块，如图 2-3-71 所示。执行定数等分命令，利用正方形块将外侧圆弧线分为三段，如图 2-3-72 所示；执行旋转复制命令将中间两个方形旋转复制到弧线两端，输入 RO，按下回车键，选中最上面的方形，按下回车键，点击圆心为基点，输入 C，回车，输入角度数为 32，回车完成命令；依据相同方法将下面的方形旋转复制到圆弧另一端，旋转角度为 -32°，如图 2-3-73 所示。

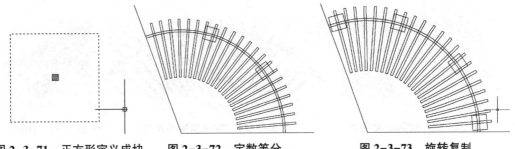

图 2-3-71　正方形定义成块　　图 2-3-72　定数等分　　图 2-3-73　旋转复制

⑤ 执行偏移命令将外侧圆弧向外偏移 190mm，向内偏移 200mm，如图 2-3-74 所示；执行修剪命令，减去多余线段，如图 2-3-75 所示。

⑥ 执行分解命令将立柱的方形块分解，进一步修剪多余线段，完成弧线形花架的平面图绘制，如图 2-3-76 所示。保存文件为"弧线形花架.dwg"，打印出"弧线形花架.eps"文件。

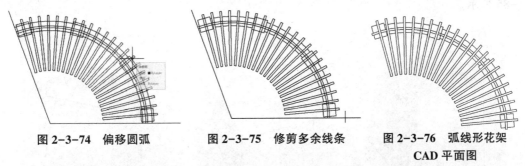

图 2-3-74　偏移圆弧　　图 2-3-75　修剪多余线条　　图 2-3-76　弧线形花架 CAD 平面图

（2）使用 Photoshop CC 绘制弧线形花架的彩色平面图

参照"直线形花架的彩平图"的制作法，运用定义图案和图案叠加的方式添加材质，添加投影，完成直线形花架的平面图，如图 2-3-77 所示。

（3）使用 SketchUp 制作弧线形花架模型

① 导入"弧线形花架.dwg"文件，导入线条不炸开，作为建模的参照。

图 2-3-77　弧线形花架彩面图

② 制作横梁和木方　运用圆弧工具根据导入线条位置绘制弧线形横梁，如图 2-3-78 所示（圆弧边数改为 96）；赋予其饰面木板 01 材质贴图，并向上推拉 150mm，创建成群组；运用矩形绘制木方，赋予其饰面木板 01 材质贴图，并向上推拉 150mm，创建成群组，并旋转复制到指定位置，如图 2-3-79 所示；将所有木方向上移动，移动距离为 100mm，如图 2-3-80 所示。

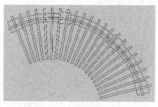  

图 2-3-78　绘制横梁平面　　　　图 2-3-79　制作横梁与木方　　　　图 2-3-80　移动位置

③ 制作花架立柱底座　做出边长为 390mm 的矩形，赋予其卡其色拉绒石材贴图，推拉高度为 400mm；运用拉伸工具将顶面等比拉伸 0.8 倍，如图 2-3-81 所示；将拉伸后平面向外偏移 36mm，向上推拉 75mm，如图 2-3-82 所示；向内偏移 40mm，向上推拉 40mm，如图 2-3-83 所示，继续向内偏移 25mm，向上推拉 230mm，如图 2-3-84 所示；向上推拉 30mm，顶面向内等比拉伸 0.9 倍；将做好的立柱底座创建群组，如图 2-3-85 所示。

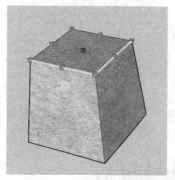 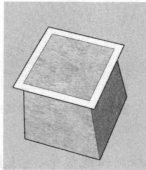

图 2-3-81　拉伸顶面　　　　　　图 2-3-82　顶面向外偏移并推拉

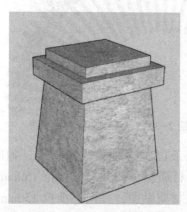 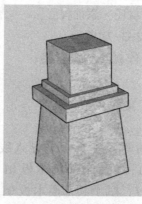 

图 2-3-83　偏移并推拉　　　　图 2-3-84　偏移并推拉　　　　图 2-3-85　制作立柱底座

④ 制作花架立柱顶部装饰  将立柱底座复制出来一个做立柱顶部，如图2-3-86所示。双击进入立柱底座群组，将顶面向上推拉900mm，如图2-3-87所示；将复制出的立柱顶部粘贴到做好的模型上面，如图2-3-88所示；删除顶部四棱台，四边向内偏移22mm，向上推拉25mm，如图2-3-89所示；将做的顶部沿Z轴拉伸0.8倍。在顶面角点做出高30mm、长60mm的矩形，并在矩形上绘制圆弧曲线，删除多余线条，如图2-3-90所示；执行路径跟随命令，以矩形四边为路径，绘制弧线形为剖面，创建曲面，如图2-3-91所示；顶面向外偏移35mm，向上推拉25mm，完成立柱建模，如图2-3-92所示。

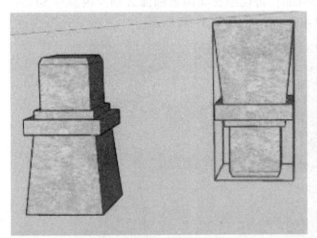  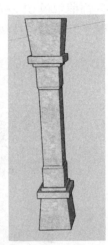

图 2-3-86  旋转复制立柱底座    图 2-3-87  立柱底座向上推拉    图 2-3-88  将复制出的底座移动到立柱上

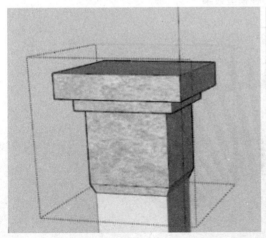

图 2-3-89  偏移并推拉

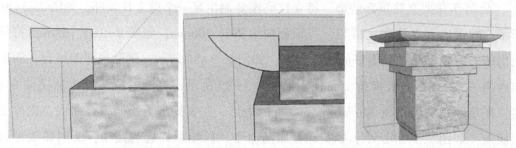

图 2-3-90　绘制剖面　　　　　　　　图 2-3-91　路径跟随制作顶部

⑤ 制作坐凳　运用上述方法描出坐凳部分弧线形平面，如图 2-3-93 所示；赋予其饰面木板 01 材质贴图，向上推拉 55mm；将模型底面两条圆弧分别向内偏移 50mm，赋予其卡其色拉绒石材贴图，并推拉 400mm，如图 2-3-94 所示。

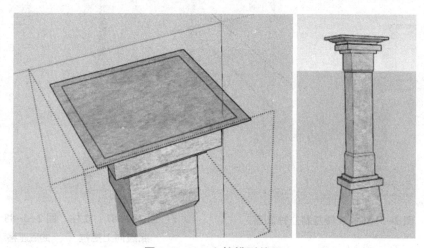

图 2-3-92　立柱模型效果

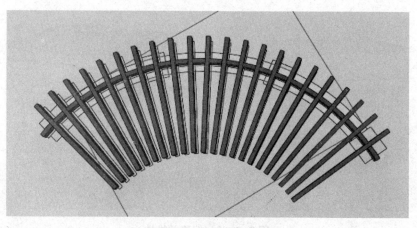

图 2-3-93　底部弧线形封面

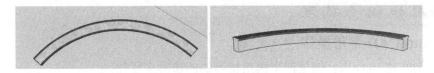

图 2-3-94 坐凳建模

⑥ 移动组合各个部件　根据导入线条的位置关系,将立柱旋转复制到指定位置,如图 2-3-95 所示;移动横梁、木方和坐凳到指定位置,如图 2-3-96 所示;完成弧线形花架的制作,如图 2-3-97 所示。

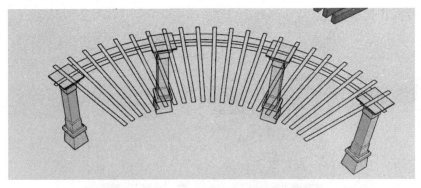

图 2-3-95 移动复制立柱到指定位置

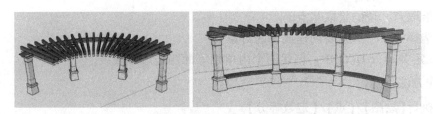

图 2-3-96 移动横梁、木方和坐凳到指定位置

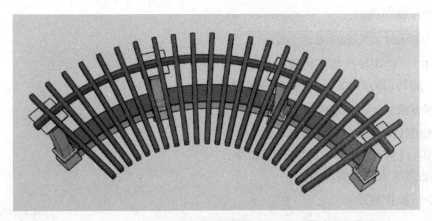

图 2-3-97 弧线形花架模型

## 常用知识点梳理

### 1. AutoCAD 常用操作

（1）创建块 BLOCK：创建四个内角相等的四边形多段线。

操作方法：

① 执行【绘图】菜单中的"创建块"命令。

② 绘图区中动态输入 B。

③ 绘图工具栏中单击【创建块】命令按钮。

命令行操作提示：

① 名称　块名称。

② 拾取点　块的拾取基点。

③ 选择对象　选择要创建成块的对象。

（2）定数等分 DIVIDE：创建四个内角相等的四边形多段线。

操作方法：

① 执行【绘图】/【点】/【定数等分】。

② 绘图区中动态输入 DIV。

命令行操作提示：

⚞ DIVIDE 输入线段数目或 [块(B)]:

块(B)：运用块代替点将线段分段。

（3）旋转(ROTATE)：绕基点旋转对象。

操作方法：

① 绘图修改栏中单击【旋转】命令按钮；

② 执行【修改】菜单中的"旋转"命令；

③ 动态输入快捷键(RO)。

命令行操作提示：

◯ ROTATE 指定旋转角度，或 [复制(C) 参照(R)] <0>:

① 复制(C)　复制旋转对象；
② 参照(R)　指定参照角度；
(4) 分解 EXPLODE：将复合对象分解成部件对象。

操作方法：

① 绘图修改栏中单击【分解】命令按钮；
② 执行【修改】菜单中的"分解"命令；
③ 动态输入快捷键 X。

(5) 拉伸 STRETCH：通过窗选或多边形框选的方式拉伸对象。

操作方法：

① 绘图修改栏中单击【拉伸】命令按钮；
② 执行【修改】菜单中的"拉伸"命令；
③ 动态输入快捷键 S。

命令行操作提示：进入"拉伸"命令后，框选选中物体需要拉伸的部分，选中区域变为虚线，单击鼠标，可以对目标边进行拉伸，图形随着拉伸改变形状。

## 2. SketchUp 常用操作

(1) 矩形

操作方法：

① 单击绘图工具栏上的矩形图标或输入快捷键 R；
② 鼠标点击指定矩形的一个角点，任意移动鼠标单击确定第二个角点，或输入长、宽数值确定第二角点（长度和宽度之间用逗号分隔），绘制矩形平面。

(2) 旋转矩形

操作方法：

① 单击绘图工具栏上的旋转矩形图标；
② 根据三个角点绘制矩形平面。点击指定矩形的第一个角点，移动鼠标确定矩形一条边的方向与长度，并单击确定矩形第二个角点；移动鼠标确定矩形第二条边的方向与长度，单击第三角点，绘制旋转矩形。

(3) 卷尺

操作方法：

① 单击绘图工具栏上的卷尺图标或输入快捷键 T；
② 测量距离　单击线段上两端点可以测量出线段长度；
③ 辅助线　单击线段上一点，拉出与线段平行的灰色辅助虚线，可输入数值确定偏移距离；
④ 全局缩放　单击模型中一条线段的两个端点，输入目标长度，按下回车键，出现询问对话框，点击"是"，整个模型的比例缩放。

## 课后训练

**练习 1**:根据弧线形花架平面图完成 CAD 平面图的绘制、PS 彩平图和 SU 模型的制作,如图 2-3-98 和图 2-3-99 所示。

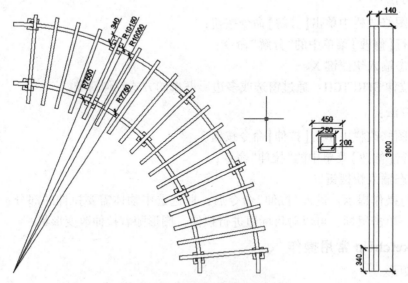

图 2-3-98 弧线形花架 CAD 图

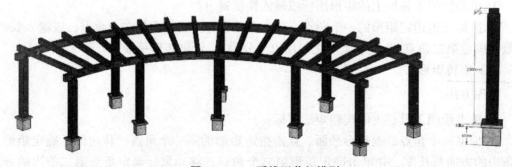

图 2-3-99 弧线形花架模型

**操作提示:**

(1) 绘制花架横梁。绘制半径为 10150mm、10000mm、7750mm 和 7600mm 的同心圆。打开正交,画出夹角为 90°的两条辅助线,删除辅助线外圆弧。

(2) 绘制花架木方。绘制长 3600mm、宽 140mm 的矩形并创建成块(拾取点为图中红线交叉位置),运用创建的块定数等分最外侧圆弧,分段数为 18。

(3) 绘制花架立柱。三个正方形边长分别为 450mm、250mm 和 200mm;运用旋转复制命令布置在花架横梁下;删除多余线条,完成平面绘制。

（4）SU 建模过程中，横梁向上推拉 250mm，木方向上推拉 200mm。

（5）SU 建模过程中，立柱推拉尺寸如图 2-3-99 所示。

**练习 2**：根据直线形花架平面图完成 CAD 平面图的绘制、PS 彩平图和 SU 模型的制作，如图 2-3-100~图 2-3-103 所示。

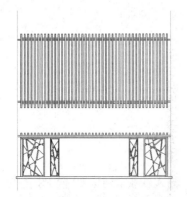

图 2-3-100　直线形花架平立面图

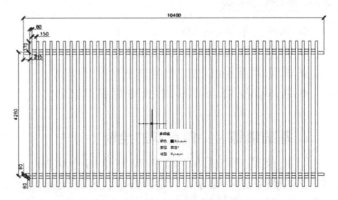

图 2-3-101　直线形花架平面 CAD 图

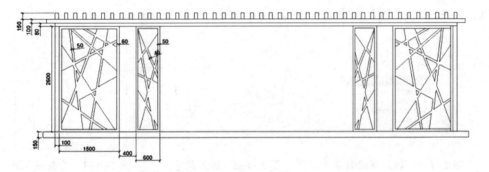

图 2-3-102　直线形花架立面 CAD 图

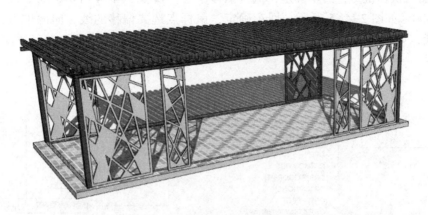

图 2-3-103　直线形花架模型

## 四、园林亭的绘制

**学习目标**

- ❖ 熟练使用 AutoCAD 多边形工具。
- ❖ 熟练使用 AutoCAD 镜像工具。
- ❖ 熟练掌握 AutoCAD 图案填充的使用方法。
- ❖ 熟练掌握 Photoshop CC 渐变的操作方法。

### 1. 基础训练——四角亭的绘制

（1）使用 AutoCAD 绘制四角亭的平面图

① 按照单元一的方式，设置好单位和对象捕捉状态；输入快捷键 L，设置 F8 正交模式，按下键盘上的回车键确定，执行直线命令，如图 2-4-1 所示；绘图区任意位置点击鼠标左键，确定第一点，根据光标输入绘制尺寸为 4200mm 的正方形，作为亭底的外框，如图 2-4-2 所示，完成正方形绘制，如图 2-4-3 所示。

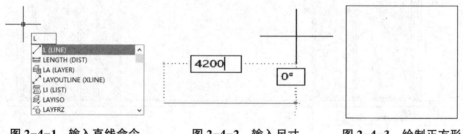

图 2-4-1　输入直线命令　　图 2-4-2　输入尺寸　　图 2-4-3　绘制正方形

② 输入快捷键 O，回车确定，执行偏移命令，如图 2-4-4 所示；命令行输入偏移距离值 600，如图 2-4-5 所示；回车确定，鼠标点选要偏移的线，向内单击，偏移出内边框线，如图 2-4-6、图 2-4-7 所示；完成辅助线的绘制，如图 2-4-8 所示。

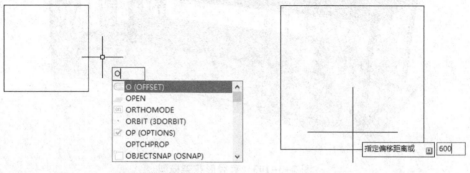

图 2-4-4　执行偏移命令　　图 2-4-5　输入偏移尺寸

图 2-4-6 多次执行偏移命令　　　图 2-4-7 输入偏移尺寸

③ 再次执行偏移命令，如图 2-4-9 所示；向内外各偏移出距离为 150mm 的两条辅助线（回车，重复上一次命令操作），如图 2-4-10 所示。

④ 绘制圆柱　输入快捷键 C，回车确定，执行"圆"命令，如图 2-4-11 所示；在其旁边绘制一个直径为 200mm 的圆，如图 2-4-12 所示；完成圆柱部分的绘制，如图 2-4-13 所示。

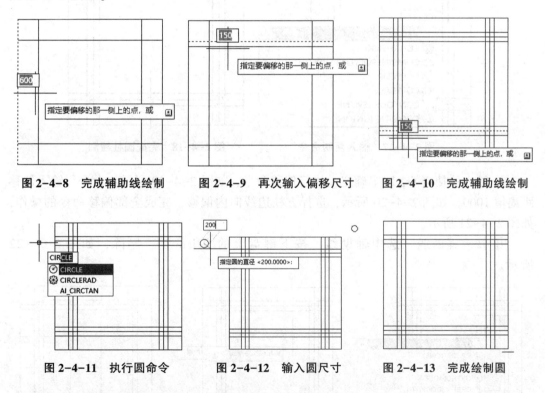

图 2-4-8 完成辅助线绘制　　图 2-4-9 再次输入偏移尺寸　　图 2-4-10 完成辅助线绘制

图 2-4-11 执行圆命令　　图 2-4-12 输入圆尺寸　　图 2-4-13 完成绘制圆

⑤ 移动圆柱　输入快捷键 M，回车确定，执行"移动"命令，如图 2-4-14 所示；捕捉圆柱的中心点，移动到辅助线的左上角端点，如图 2-4-15 所示；将圆形移动到指定位置，如图 2-4-16 所示。

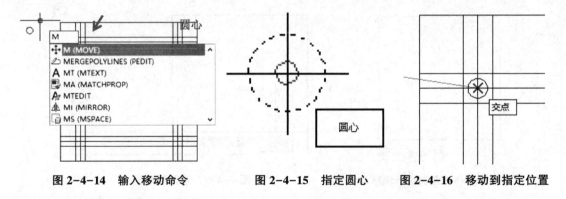

图 2-4-14 输入移动命令　　图 2-4-15 指定圆心　　图 2-4-16 移动到指定位置

⑥ 复制多个圆柱　输入快捷键 CO，回车确定，执行复制命令，如图 2-4-17 所示；复制三个圆到辅助线的另外三个交点，如图 2-4-18 所示。

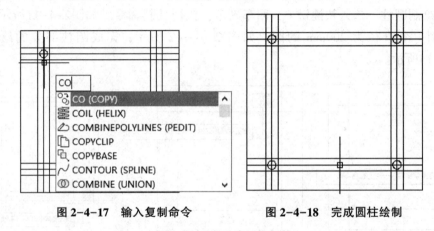

图 2-4-17 输入复制命令　　　　图 2-4-18 完成圆柱绘制

⑦ 输入快捷键 O，回车确定，执行偏移命令，如图 2-4-19 所示；命令行输入偏移距离值 1000，如图 2-4-20 所示；选择方柱边线向内偏移，完成全部偏移命令的操作，如图 2-4-21 所示。

⑧ 修改辅助线　选中辅助线，按下键盘上的 Delete 键，删除，如图 2-4-22 所示。

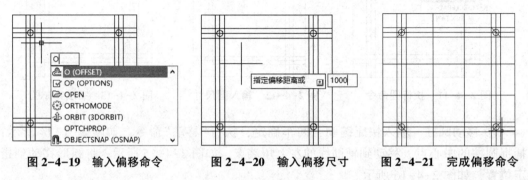

图 2-4-19 输入偏移命令　　图 2-4-20 输入偏移尺寸　　图 2-4-21 完成偏移命令

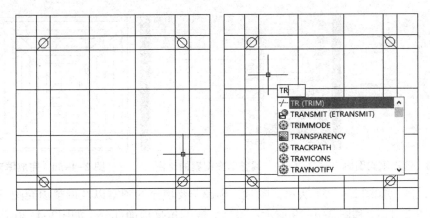

图 2-4-22 删除辅助线　　　　图 2-4-23 输入修剪命令

⑨ 输入快捷键 TR+空格+空格，执行修剪命令，如图 2-4-23 所示。

鼠标点选方柱内多余的线条，将其修剪掉，如图 2-4-24 所示；点击鼠标右键，按下确定，完成修剪，如图 2-4-25 所示。

⑩ 亭顶面填充　输入快捷键 H，回车确定，执行填充命令，如图 2-4-26 所示；选择需

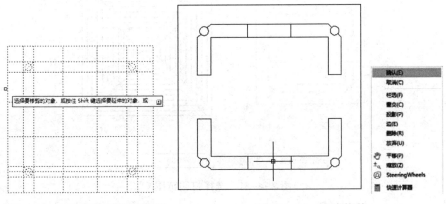

图 2-4-24 选择并删除辅助线　　　　图 2-4-25 完成修剪

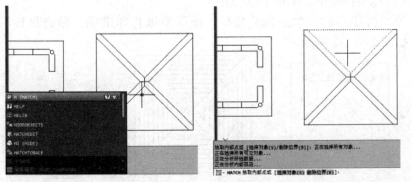

图 2-4-26 执行填充命令　　　　图 2-4-27 选择填充范围

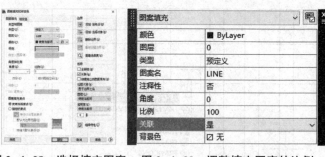
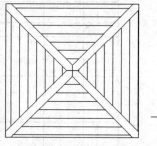

图 2-4-28　选择填充图案　　图 2-4-29　调整填充图案的比例　　图 2-4-30　完成填充

要填充分范围，如图 2-4-27 所示；同时，选择需要填充的图案以及调整填充图案的合适比例，如图 2-4-28 和图 2-4-29 所示；最后完成四角亭顶面部分，如图2-4-30所示。

⑪ 执行文件菜单，打开绘图仪管理器界面。

⑫ 创建虚拟打印机，完成虚拟打印。命令行输入 Ctrl+P，打开打印窗口，选择已设置好的 Postscript Level 1 打印机，图纸选择 A4(297mm×210mm)，勾选打印到文件和居中打印选项。

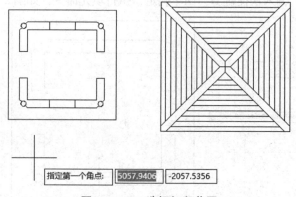

图 2-4-31　选择打印范围

⑬ 打印范围选择窗口模式，这时会切换到模型窗口，用鼠标捕捉左上角点和右下角点，确定打印具体范围，如图 2-4-31 所示。

⑭ 切换回打印界面，单击预览窗口，确认图纸打印准确，单击鼠标右键，选择"打印"，如图 2-4-32 所示。

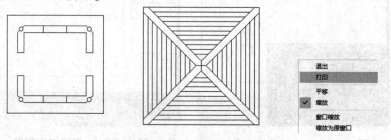

图 2-4-32　确定打印图形

⑮ 弹出浏览打印文件窗口，选择保存路径，文件名修改为"四角亭.eps"，单击保存按钮完成打印。

（2）使用 Photoshop CC 绘制园林四角亭的彩色平面图

① 拖动"四角亭.eps"文件到 Photoshop CC 2018 快捷方式图标上，在弹出的窗口中设置文件分辨率为 100 像素/英寸，模式为 RGB 颜色，单击【确定】按钮，打开文件。

② 按下快捷键 Ctrl+Shift+N，新建名为"底色"的图层。

③ 选中底色图层，按下快捷键 Ctrl+[，将图层的位置下移一层。

④ 按下快捷键 Ctrl+Delete，填充底色图层为白色。

⑤ 按下快捷键 Ctrl+Shift+N，新建名为四角亭的图层，如图 2-4-33 所示。

⑥ 填充圆柱的颜色　依次按下快捷键 W，Shift+W 切换到"魔棒"工具　；勾选对所有图层取样选项，鼠标点选四角亭的范围，单击工具栏上的拾色器　，点选上面的小方块，打开前景色拾色器，将颜色设置 RGB 值为"157，103，40"，按下确定按钮，如图 2-4-34 所示；完成圆柱部分的色彩填充，如图 2-4-35 所示。

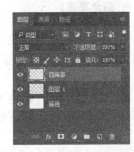  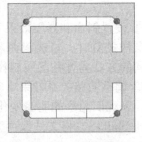

图 2-4-33　新建四角亭图层　　图 2-4-34　魔棒拾取颜色　　图 2-4-35　填充色彩

⑦ 填充亭底部的颜色　按下快捷键 G，如图 2-4-36 所示；运用渐变工具将四角亭填充成木头色，如图 2-4-37 所示。

⑧ 填充亭顶部的颜色　鼠标单击工具栏上的拾色器　，点选上面的小方块，打开前景色拾色器，将颜色设置 RGB 值为"93，60，21"，按下【确定】按钮；按下快捷键 G，将颜色填充给四角亭脊瓦部分，如图 2-4-38 所示。

 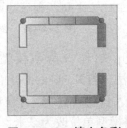 

图 2-4-36　选择渐变工具　　图 2-4-37　填充色彩　　图 2-4-38　填充底色(四角亭顶)

⑨ 制作底面效果　新建图层，命名为"底面"；使用"魔棒"工具选中亭底面的范围，将前景颜色设置 RGB 值为"210，206，202"，按下快捷键 Alt+Delete，将颜色填充给底面图层，如图 2-4-39 所示。

⑩ 执行【滤镜】/【杂色】/【添加杂色】，勾选单色选项，杂色数量为 6~10，制作出底面的纹理效果，如图 2-4-40 所示。

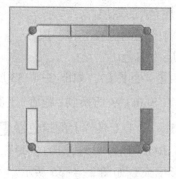 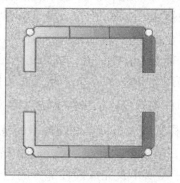

图 2-4-39　填充底色（四角亭底）　　图 2-4-40　添加杂色（四角亭底）

⑪ 设置斜面和浮雕效果　选择"四角亭""柱子"两个图层，分别双击图层右侧。打开图层样式窗口，勾选斜面和浮雕样式，将浮雕大小值修改为 3，单击【确定】按钮；用相同的方法为方柱图层制作浮雕效果。

⑫ 调整明暗关系效果　利用"套索"工具，选择四角亭一侧，填充黑色，调整不透明度，表现四角亭的明暗变化，最终完成的彩色平面图，如图 2-4-41 所示；按下快捷键 Ctrl+Shift+S，将文件保存为"四角亭.jpeg"，画面品质设置。

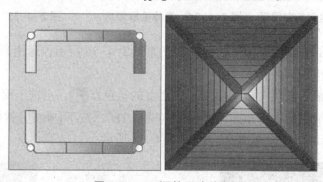

图 2-4-41　调整明暗关系

（3）使用 SketchUp 制作四角亭模型

① 参照单元 1 的做法，打开 SketchUp 2018，设置好绘图界面。

② 执行【文件】/【导入】，弹出【导入】窗口，选择"四角亭.dwg"文件。按下选项按钮，在选项设置界面，将模型单位改为毫米，单击【确定】按钮，完成设置。

③ 完成封面操作　导入线条，按下快捷键 L，执行直线命令，分别捕捉每个面上一条边描线，进行封面，效果如图 2-4-42 所示。

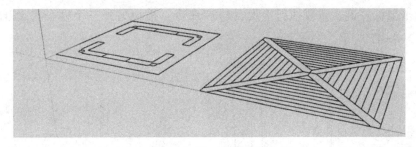

图 2-4-42 直线封面

④ 按下空格键,切换到选择命令,点选任意一个平面,右键反转平面,将其反转到正面,如图 2-4-43 所示;再次点击鼠标右键,选择确定平面的方向,将所有的面反转到正面,如图 2-4-44 所示。

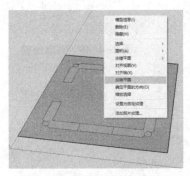

图 2-4-43 反转平面

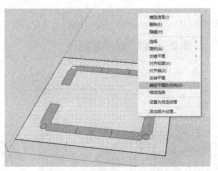

图 2-4-44 确定平面方向

⑤ 创建群组 按住 Ctrl 键,双击鼠标左键加选四角亭底座的所有面,右键创建群组,如图 2-4-45 所示。

⑥ 制作圆柱 双击进入组内,按下快捷键 P,执行推拉命令,将方柱向上推拉 2600mm,如图 2-4-46 所示。

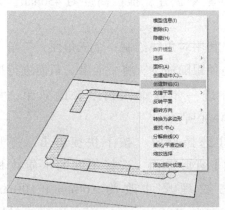

图 2-4-45 创建组群

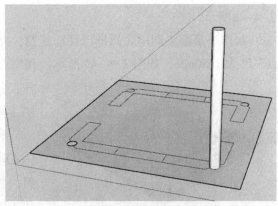

图 2-4-46 创建亭柱

⑦ 双击鼠标左键，重复执行上次"推拉"命令，推拉另外三个柱子为2600mm的高度，如图2-4-47所示。

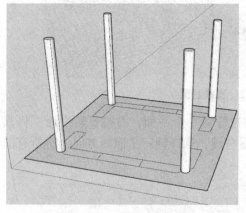

图2-4-47 完成亭柱

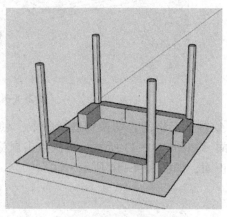

图2-4-48 完成座椅

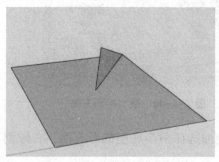

图2-4-49 创建三角截面

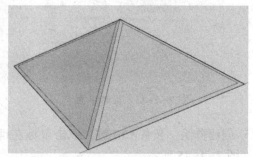

图2-4-50 完成路径跟随

⑧ 同样执行"推拉"命令，完成座椅部分的模型创建，推拉高度为450mm，如图2-4-48所示。

⑨ 制作亭顶部 利用底面进行移动复制，并利用对角线绘制一个三角面，三角形顶点高度为1650mm，如图2-4-49所示；利用路径跟随命令，将平面沿三角面进行操作，并进一步修饰四角亭脊的效果，如图2-4-50所示。

⑩ 选择材质 按下快捷键B，打开【材料】编辑界面，选择不同的木质纹材料，将纹理尺寸改为100mm×100mm和1800mm×1800mm；完成亭顶部的材质填充，如图2-4-51所示。

图2-4-51 赋予材质

⑪ 赋予材质　选择原色樱桃木贴图，鼠标左键单击，赋予四角亭模型；并在编辑面板中修改纹理的尺寸，清晰显示材质的纹理；调整模型位置、赋予模型材质后，完成四角亭的制作，如图 2-4-52 所示。

⑫ 按下快捷键 Ctrl+S，将文件保存为"四角亭 .skp"。

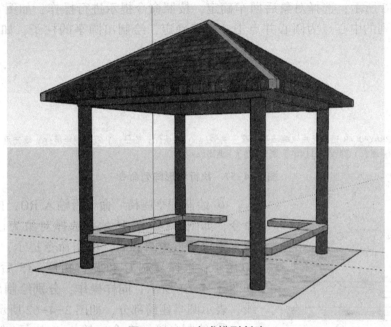

图 2-4-52　完成模型创建

### 2. 加强训练——圆亭的绘制

（1）使用 AutoCAD 绘制园亭的平面图

① 按照单元一中的操作方法设置好绘图界面，按下 F10 键，打开极轴追踪，设置好对象捕捉 F3。

② 绘制圆亭底平面　命令行输入快捷键 C，执行圆命令；绘图区任意位置单击鼠标左键，确定圆心，输入 R=2500；同样操作，对象捕捉设置圆心，绘制亭柱位置，输入 R=1500，如图 2-4-53 所示。

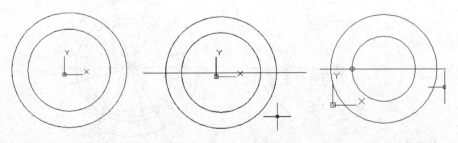

图 2-4-53　执行圆命令　　图 2-4-54　绘制参考线　　图 2-4-55　绘制圆柱

③ 命令行输入 L，执行直线命令，捕捉圆心，绘制参考线，如图 2-4-54 所示。

④ 绘制圆亭的柱子　命令行输入快捷键 C，绘图区任意位置单击鼠标左键，确定圆心，输入 D=200，如图 2-4-55 所示。

⑤ 运用阵列命令绘制其余圆柱　命令行输入 AR，执行阵列命令(选择环形阵列)，如图 2-4-56 所示；选择对象后回车确定，按照命令提示进行操作，如图 2-4-57 所示；制定阵列的中心点为圆心并点击，回车确定，绘制出圆亭的柱子，如图 2-4-58 所示。

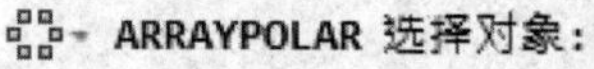

ARRAYPOLAR 选择对象：

图 2-4-56　输入阵列命令

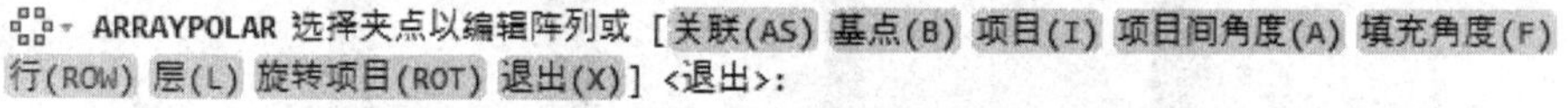

ARRAYPOLAR 选择夹点以编辑阵列或 [关联(AS) 基点(B) 项目(I) 项目间角度(A) 填充角度(F) 行(ROW) 层(L) 旋转项目(ROT) 退出(X)] <退出>:

图 2-4-57　执行环形阵列命令

Y
选择夹点以编辑阵列或
退出

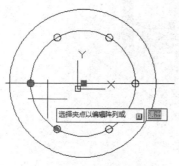

图 2-4-58　完成环形阵列

⑥ 绘制圆亭座椅　命令行输入 RO，执行“旋转”命令，如图 2-4-59 所示；选择对象为已绘制的直线，指定基点为圆心后，根据命令提示，如图 2-4-60 所示；选择复制 C 和旋转角度-15 后回车确定，如图 2-4-61 所示；同样操作，分别绘制出其余辅助线，表示圆亭座椅部分，如图 2-4-62 所示。

⑦ 绘制台阶　命令行输入 O 执行“偏移”命令，绘制出两级台阶；再输入 L，执行直线命令，绘制出台阶部分，如图 2-4-63 所示。

⑧ 命令行输入 TR，执行“修剪”命令，回车确定；框选绘制圆亭的所有边线，点击鼠标右键确定，如图 2-4-64 所示。

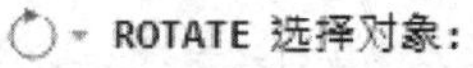

ROTATE 选择对象：

图 2-4-59　输入旋转命令

ROTATE 指定旋转角度，或 [复制(C) 参照(R)] <60>:

图 2-4-60　参照命令提示操作

Y
指定旋转角度，或
-15

图 2-4-61　执行旋转复制命令

Y

图 2-4-62　完成旋转复制命令

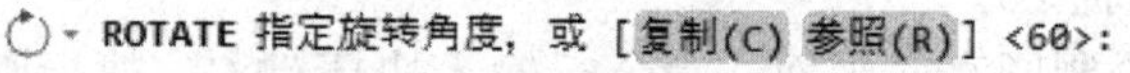

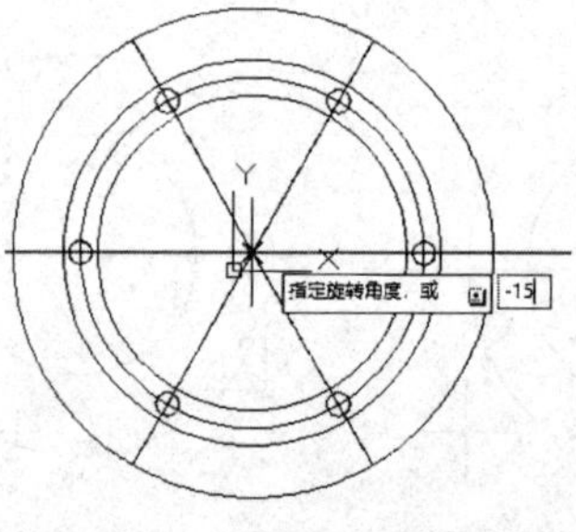

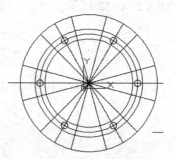

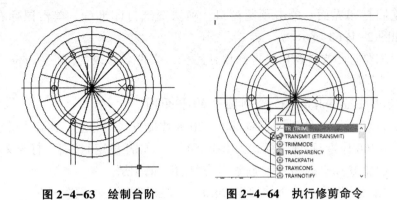

图 2-4-63 绘制台阶　　　　　图 2-4-64 执行修剪命令

⑨ 鼠标单击多余的线条，修剪掉，完成整个圆亭平面图的绘制，如图 2-4-65 所示。

⑩ 绘制圆亭顶　命令行输入 C 执行圆命令，绘制圆亭的顶部平面图，如图2-4-66 所示。

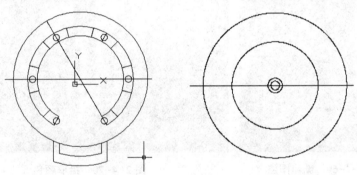

图 2-4-65 完成修剪　　　　　图 2-4-66 绘制圆亭顶部

⑪ 命令行输入 Ctrl+P，打开打印窗口，选择刚刚设置的 Postscript Level 1 打印机，图纸选择 A4（210mm×297mm），勾选打印到文件和居中打印选项。

⑫ 打印范围选择窗口模式，这时会切换到模型窗口，用鼠标捕捉左上角点和右下角点，确定打印具体范围，如图 2-4-67 所示。

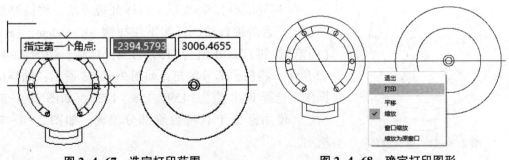

图 2-4-67 选定打印范围　　　　　图 2-4-68 确定打印图形

⑬切换回打印界面，单击预览窗口，确认图纸打印准确，单击鼠标右键，选择"打印"，如图 2-4-68 所示。

⑭弹出浏览打印文件窗口，选择保存路径，文件名修改为"圆亭.eps"，单击【保存】按钮完成打印。

（2）使用 Photoshop CC 绘制圆亭的平面图

①拖动圆亭.eps 文件到 Photoshop CC 2018 快捷方式图标上，在弹出的窗口中设置文件分辨率为 100 像素/英寸，模式为 RGB 颜色，单击【确定】按钮，打开文件。

②按下快捷键 Ctrl+Shift+N，新建名为"底色"的图层。

③选中"底色"图层，按下快捷键 Ctrl+[，将图层的位置下移一层。

④按下快捷键 Ctrl+Delete，填充底色图层为白色。

⑤按下快捷键 Ctrl+Shift+N，新建名为"圆亭底"的图层，如图 2-4-69 所示。

图 2-4-69　新建图层

图 2-4-70　拾取颜色

⑥拾取颜色　依次按下快捷键 W，Shift+W，切换到"魔棒"工具。按住 Shift 键为加选；鼠标单击工具栏上的拾色器，打开前景色拾色器，点选浅灰色位置；按下【确定】按钮，将颜色设置浅灰色，RGB 值为"157，95，28"，如图 2-4-70 所示。

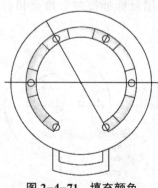

图 2-4-71　填充颜色

⑦填充圆亭底部　按下快捷键 Alt+Delete，将圆亭底沿填充成浅灰色，如图2-4-71所示。

⑧填充圆亭其余部分　同样处理方法，将圆亭底的柱子、台阶进行绘制；按下快捷键 Alt+Delete，按下【确定】按钮，RGB 值为"159，158，142"，如图 2-4-72 所示；将柱子部分填充，如图 2-4-73 所示；同样的操作，选择 RGB 值为"159，158，142"，如图 2-4-74 所示。使用渐变工具将台阶部分填充，如图 2-4-75 所示。

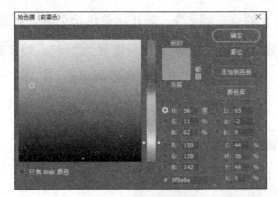
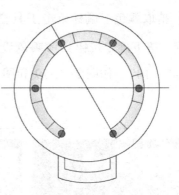

图 2-4-72 拾取颜色　　　　图 2-4-73 填充柱子

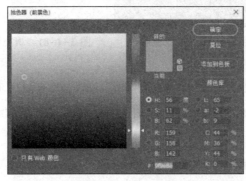
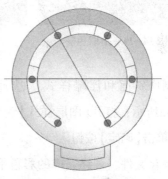

图 2-4-74 拾取颜色　　　　图 2-4-75 填充台阶

⑨ 制作纹理效果　执行【滤镜】/【杂色】/【添加杂色】，如图 2-4-76 所示；勾选单色选项，杂色数量为 6~10，制作出石材的纹理效果，如图 2-4-77 所示。

⑩ 按下快捷键 Ctrl+Shift+N，新建名为"圆亭顶"的图层，如图 2-4-78 所示。

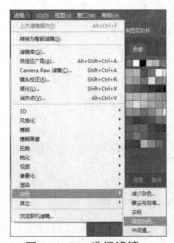

图 2-4-76 选择滤镜　　　图 2-4-77 添加杂色　　　图 2-4-78 新建图层

⑪ 拾取颜色　鼠标单击工具栏上的拾色器 ■，打开前景色拾色器，点选圆亭柱位置，按下确定按钮，将颜色设置浅褐色，RGB 值分别设置为"157，95，28"和"81，47，10"，如图 2-4-79 和图 2-4-80 所示；进行圆亭顶部填充，如图 2-4-81 所示。

 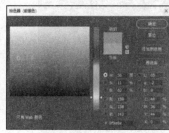 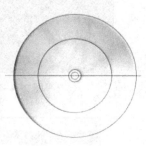

图 2-4-79　拾取色彩　　　　图 2-4-80　拾取色彩　　　　图 2-4-81　填充色彩

⑫ 制作斜面和浮雕样式　选择圆亭底和顶两个图层，分别双击图层右侧，如图 2-4-82 所示；打开【图层样式】窗口，勾选【斜面】和【浮雕】样式，将浮雕大小值修改为 1，单击【确定】按钮。

⑬ 保存文件　最终完成的彩色平面图，如图 2-4-83 所示。

⑭ 按下快捷键 Ctrl+Shift+S，将文件保存为"圆亭.jpeg"。

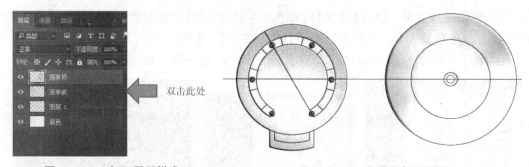

图 2-4-82　打开图层样式　　　　　图 2-4-83　完成彩色平面图

（3）使用 SketchUp 制作圆亭模型

① 打开 SketchUp 2018，参照单元 1 的做法。

② 执行【文件】/【导入】，弹出【导入】窗口，选择"圆亭.dwg"文件。

③ 按下选项按钮，在选项设置界面，将模型单位改为毫米，单击【确定】按钮，完成设置，如图 2-4-84 所示。

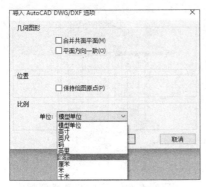
图 2-4-84 统一单位设置

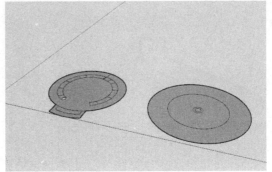
图 2-4-85 完成封面

④ 完成封面　输入快捷键 L，在圆亭的底部和顶部边缘线上分别描线，进行封面；封面后的效果，如图 2-4-85 所示。

⑤ 制作圆柱　鼠标左键双击圆柱，右键创建群组；双击进入组内，选中圆柱，按下快捷键 P，移动鼠标，向上推拉 2400mm 的高度；鼠标单击空白位置，退出组的编辑，如图 2-4-86 所示。

⑥ 制作圆亭底部和顶部　运用推拉工具，分别完成底部座椅部分和顶部的制作，如图 2-4-87 所示。

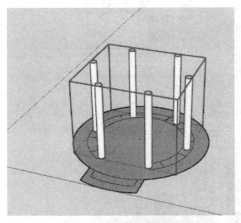
图 2-4-86 建群组

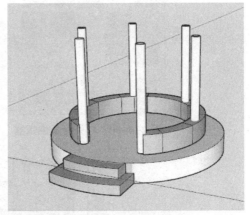
图 2-4-87 制作圆亭底部

⑦ 运用比例缩放，调整模型形态　座椅推拉高度 450mm，顶部高度 1000mm，宝顶 400mm，运用比例缩放，选择平面并按住 Ctrl 建调整顶部形状；此外，鼠标左键双击台阶，向下推拉 450mm 的高度，如图 2-4-88 所示。

⑧ 调整模型位置关系，完成圆亭模型制作，如图 2-4-89 所示。

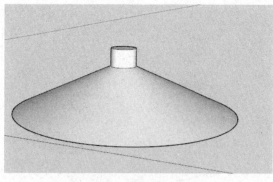
图 2-4-88　制作圆亭顶部

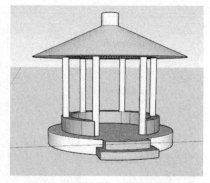
图 2-4-89　完成圆亭模型制作

⑨ 选择材质　按下快捷键 B，弹出【材料】编辑窗口，如图 2-4-90 所示。
⑩ 选择石头材料中的浅灰色花岗岩，如图 2-4-91 所示。
⑪ 赋予材质　鼠标左键点选圆亭底及座椅部分，将浅灰色花岗岩材质赋予圆亭底，效果如图 2-4-92 所示。

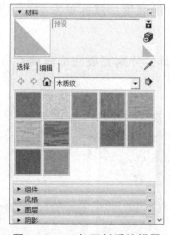
图 2-4-90　打开材质编辑器

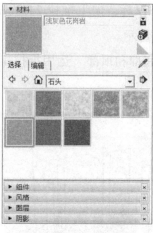
图 2-4-91　选择材质

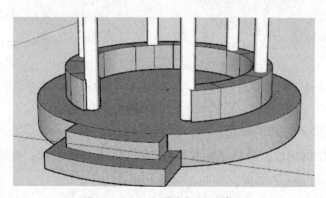
图 2-4-92　完成底部材质填充

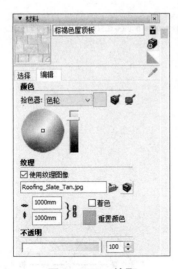
图 2-4-93 拾取并填充（一）

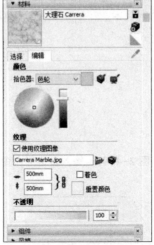
图 2-4-94 拾取并填充（二）

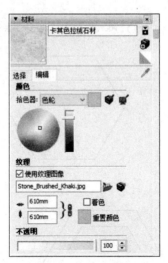
图 2-4-95 拾取并填充（三）

⑫ 选择材质 点返回箭头，选择圆亭底座、柱的部分，完成圆亭顶部模型制作，如图 2-4-93~图 2-4-95 所示。

⑬ 赋予材质 按照如上方法，完成圆亭顶部的模型制作，如图 2-4-96 所示。

⑭ 按下快捷键 Ctrl + S，将文件保存为"圆亭.skp"。

### 3. 进阶训练——六角亭

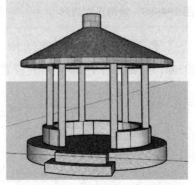
图 2-4-96 完成圆亭模型制作

（1）使用 AutoCAD 绘制六角亭的平面图

① 绘制六角亭 输入快捷键 POL，按照命令提示输入侧面数 6，指定正多边形的中心点，选择【内接/外切圆】，输入半径 2100mm，按下键盘上的回车键确定，绘制正六边形，如图 2-4-97所示。

② 绘制正六边形 同样操作方法，输入半径 1500mm，绘制另一个正六边形，如图2-4-98所示。

③ 绘制六角亭的圆柱部分 按下 F3 设置对象捕捉后，在正六边形的顶点绘制直径为 200mm 的圆，如图 2-4-99 所示；并运用 C 圆形命令和 CO 复制命令，完成其他顶点圆形的绘制，如图 2-4-100 所示。

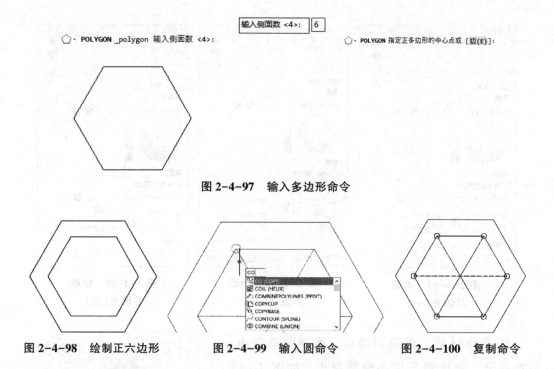

图 2-4-97　输入多边形命令

图 2-4-98　绘制正六边形　　图 2-4-99　输入圆命令　　图 2-4-100　复制命令

④ 绘制六角亭的内部结构　执行偏移命令 O，如图 2-4-101 所示；内外各 150mm，绘制亭子内部坐凳的位置，如图 2-4-102 所示。

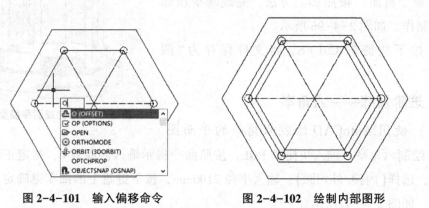

图 2-4-101　输入偏移命令　　图 2-4-102　绘制内部图形

⑤ 完成六角亭底部　执行修剪命令 TR，如图 2-4-103 所示；选中全部需要修剪的线条，回车确定后进行修剪，完成六角亭底的绘制，如图 2-4-104 所示。

⑥ 绘制六角亭顶部　用填充工具 H，完成六角亭顶的绘制，如图 2-4-105 所示。

⑦ 保存文件为"六角亭 .dwg"文件，按照虚拟打印的方法，打印出"六角亭边线 .eps"文件。

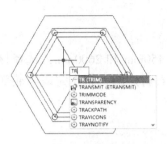 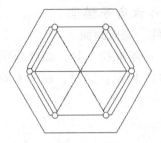 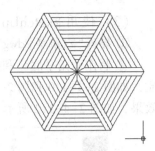

图 2-4-103　执行修剪命令　　　图 2-4-104　绘制亭底图形　　　图 2-4-105　完成填充

（2）使用 Photoshop CC 绘制六角亭的平面图

① 拖动"六角亭边线.eps"文件到 Photoshop CC 2018 快捷方式图标上，在弹出的窗口中设置文件分辨率为 100 像素/英寸，模式为 RGB 颜色，单击【确定】按钮，打开文件。

② 新建图层填充白色作为底色，如图 2-4-106 所示。

③ 运用魔棒工具、渐变工具，填充工具及斜面与浮雕样式等操作，如图 2-4-107、图 2-4-108 所示；完成六角亭底部和顶部的制作，保存为"六角亭.jpeg"文件，如图 2-4-109 所示。

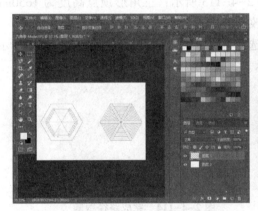 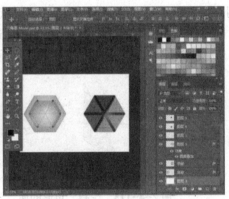

图 2-4-106　新建图层并填充　　　　　　　图 2-4-107　选取与渐变填充

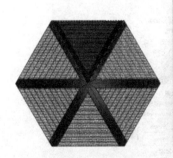 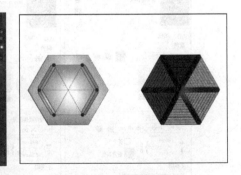

图 2-4-108　斜面与浮雕样式效果　　　　　　图 2-4-109　完成制作

(3) 使用 SketchUp 制作六角亭模型

① 导入"六角亭.dwg"文件，完成封面。

② 制作六角亭底座和柱　运用推拉工具，高度分别为 450mm 和 2600mm，选择材质，如图 2-4-110 和图 2-4-111 所示；同时，赋予木质和石材贴图，制作完成亭底部效果，如图 2-4-112 所示。

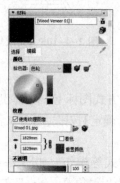  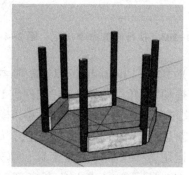

图 2-4-110　拾取颜色　　图 2-4-111　拾取颜色　　图 2-4-112　制作亭底部

③ 制作亭脊　绘制一个三角面，如图 2-4-113 所示；三角形顶点高度为 1650mm，利用路径跟随工具，绘制六角亭顶，并修改亭脊的部分，如图 2-4-114 所示。

④ 制作六角亭顶　推拉高度 1650mm，选择材质并赋予木质贴图，如图 2-4-115 所示。

⑤ 完成模型制作，如图 2-4-116 所示。

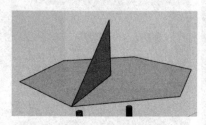 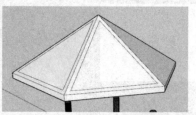

图 2-4-113　绘制三角形的面　　图 2-4-114　完成路径跟随

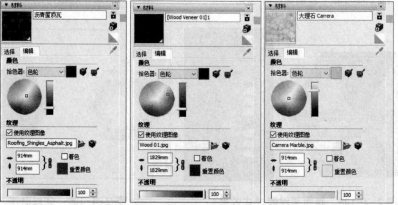

图 2-4-115　拾取并填充

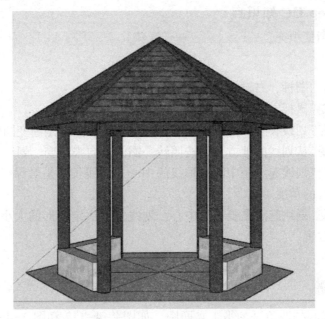

图 2-4-116　完成模型制作

## 常用知识点梳理

### 1. AutoCAD 知识点

（1）多边形 POLYGON：绘制三边（含以上）的图形。

操作方法：

① 绘图工具栏中单击【多边形】命令按钮。

② 执行【绘图】菜单中的"多边形"命令。

③ 动态输入快捷键 POL。

（2）镜像 MIRROR：将选定的对象按照某一轴线进行完全镜面复制。

操作方法：

① 绘图工具栏中单击【镜像】命令按钮。

② 执行【修改】菜单中的"镜像"命令。

③ 动态输入快捷键 M。

（3）填充 BHATCH：将图案填充到指定对象。

操作方法：

① 绘图工具栏中单击【填充】命令按钮。

② 执行【修改】菜单中的"填充"命令。

③ 动态输入快捷键 H。

## 2. Photoshop CC 知识点

渐变：颜色渐变填充。

操作方法：

① "油漆桶"的图标，右键弹出"渐变工具"。

② "线性渐变"鼠标左键不放拖动鼠标。

③ "径向渐变"划线长度即是渐变圆的半径，划线起点即是渐变圆的圆心。

④ "度角渐变"从划线的地方开始按照转一圈的方向来渐变。划线方式同上。

⑤ "对称渐变"划线起点是中间对称线的中心，划线长度是对称线的宽度，划线角度也决定了对称线的角度。

⑥ "菱形渐变"划线起点是菱形的中心，划线长度决定菱形的大小，划线角度决定了菱形各个角的位置。

# 课后训练

**练习 1**：根据园林四角亭的平、立面图，如图 2-4-117 和图 2-4-118 所示。完成 CAD 平面图的绘制、PS 彩平图和 SU 模型的制作。

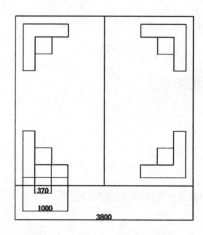
图 2-4-117　四角亭底平面图

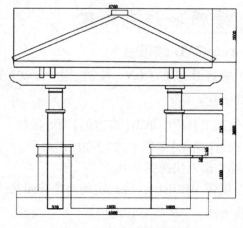
图 2-4-118　四角亭立面图

操作提示：

（1）绘制边长为 4600mm 的矩形。

（2）向内偏移 400mm 的距离，完成四角亭底部的绘制。

（3）绘制一侧柱体，运用镜像完成其余部分柱体的制作。

（4）修剪多余的线条。

练习2：根据园林八角亭的平、立面图，如图2-4-119和图2-4-120所示。完成CAD平面图的绘制、PS彩平图和SU模型的制作。

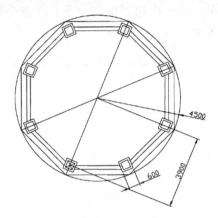
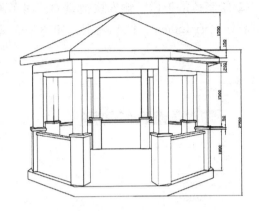

图 2-4-119　八角亭底平面图　　　　图 2-4-120　八角亭立面图

**操作提示：**

(1) 绘制内切于圆的正八边形，半径 4500mm。
(2) 向内偏移 150mm 的距离，绘制边长为 600mm 的正方形柱体。
(3) 捕捉八角亭的中心点，环形阵列，依次完成八角亭底的制作。
(4) 修剪多余的线条。

## 五、园林桥的绘制

### 学习目标

❖ 熟练使用 AutoCAD 多段线工具。
❖ 熟练使用 AutoCAD 路径阵列工具。
❖ 熟练掌握 Photoshop CC 图层浮雕样式的添加方法。
❖ 熟练掌握 Photoshop CC 滤镜杂色的添加方法。

### 1. 基础训练——曲桥的绘制

(1) 使用 AutoCAD 绘制曲桥的平面图

① 绘制曲桥底平面　按照第一部分介绍的方式，设置好单位和对象捕捉状态。输入快捷键 PL，设置 F8 正交模式，按下键盘上的回车键确定，执行多段线命令，如图2-5-1所示。在绘图区任意位置点击鼠标左键，确定第一点，根据光标输入

绘制尺寸为5000mm、3000mm、9000mm，绘制桥面。并输入快捷键O偏移2000mm，如图2-5-2所示。

② 绘制桥的护栏　输入快捷键O，回车确定，再一次执行偏移命令。在命令行输入偏移距离值150mm，回车确定，如图2-5-3所示。

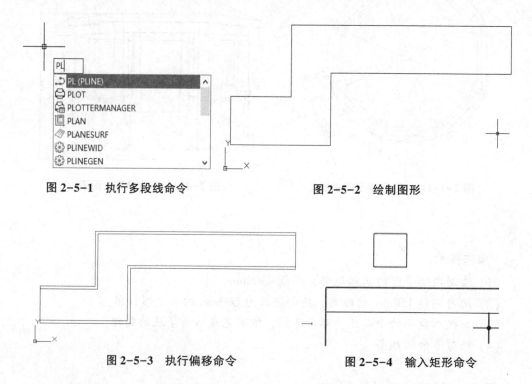

图 2-5-1　执行多段线命令　　　　　图 2-5-2　绘制图形

图 2-5-3　执行偏移命令　　　　　图 2-5-4　输入矩形命令

③ 绘制桥墩　输入快捷键REC，执行矩形命令，尺寸200mm×200mm正方形，如图2-5-4所示。

④ 完成桥墩绘制　输入快捷键CO，移动复制完成桥墩的绘制，间距1000mm，如图2-5-5所示。

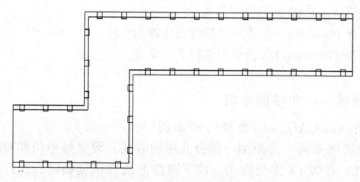

图 2-5-5　执行移动复制命令

⑤ 绘制桥底面　输入快捷键 AR，如图 2-5-6 所示。执行阵列命令完成桥的底面部分，如图 2-5-7 所示。

⑥ 参照方法，进行虚拟打印文件。

虚拟打印。命令行输入 Ctrl+P，打开打印界面。选择设置好的 Postscript Level 1 打印机，图纸选择 A4(297mm×210mm)，勾选"打印到文件"和"居中打印"选项。

⑦ 打印范围选择窗口模式，这时会切换到模型窗口，用鼠标捕捉左上角点和右下角点，确定打印具体范围；切换回打印界面，单击预览窗口，确认图纸打印准确，单击鼠标右键，选择打印。

⑧ 弹出浏览打印文件窗口，选择保存路径，文件名修改为"曲桥.eps"，单击保存按钮完成打印。

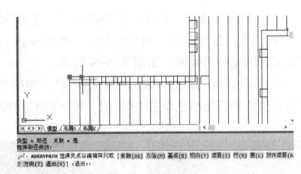

图 2-5-6　输入阵列命令

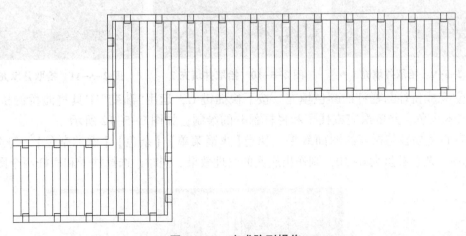

图 2-5-7　完成阵列操作

（2）使用 Photoshop CC 绘制曲桥的彩色平面图

① 拖动"曲桥.eps"文件到 Photoshop CC 2018 快捷方式图标上，在弹出的窗口中设置文件分辨率为 100 像素/英寸，模式为 RGB 颜色，单击【确定】按钮，打开文件。

② 按下快捷键 Ctrl+Shift+N，新建名为"底色"的图层。选中"底色"图层，按下快

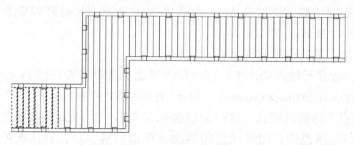

图 2-5-8 执行魔棒选取工具

捷键 Ctrl+[，将图层的位置下移一层。按下快捷键 Ctrl+Delete，填充底色图层为白色。

③ 按下快捷键 Ctrl+Shift+N，新建名为"曲桥"的图层。

④ 选择填充范围　依次按下快捷键 W，切换到"魔棒"工具 ✦ 。勾选【对所有图层取样】选项，鼠标点选一部分四角亭，按住 Shift 键，加选所有四角亭的范围，选中的部分变为闪动的蚂蚁线，如图 2-5-8 所示。

⑤ 拾取并填充颜色　鼠标单击工具栏上的拾色器 ■ ，点选上面的小方块，打开前景色拾色器，将颜色设置 RGB 值，按下【确定】按钮，如图 2-5-9~图 2-5-11 所示。

图 2-5-9 拾取并填充 1　　　图 2-5-10 拾取并填充 2　　　图 2-5-11 拾取并填充 3

⑥ 完成桥柱与栏杆的颜色填充　按下快捷键 G，运用"渐变"工具将曲桥的桥底面填充成木头色。并依次完成柱子和栏杆部分的绘制，如图 2-5-12 所示。

⑦ 调整桥柱与栏杆的图面效果　执行【滤镜菜单】/【杂色】/【添加杂色】，勾选【单色】选项，杂色数量为 6~10，制作出底面的纹理效果。同时，选择柱子和栏杆两个图层，

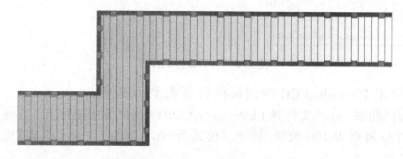

图 2-5-12 执行渐变工具

分别双击图层右侧。打开【图层样式】窗口，勾选【斜面和浮雕】样式，将斜面和浮雕大小值修改为 10，单击【确定】按钮。

⑧ 最终完成的彩色平面图，如图 2-5-12 所示。按下快捷键 Ctrl+Shift+S，将文件保存为"曲桥.jpeg"品质为高。

（3）使用 SketchUp 制作曲桥模型

① 打开 SketchUp 2018，设置好绘图界面。

② 执行【文件】/【导入】，弹出【导入】窗口，选择"曲桥.dwg"文件。按下【选项】按钮，在选项设置窗口，将模型单位改为【毫米】，单击【确定】按钮，完成设置。

③ 完成封面　导入的线条，按下快捷键 L，执行直线命令，分别捕捉每个面上一条边描线，进行封面，效果如图 2-5-13 所示。

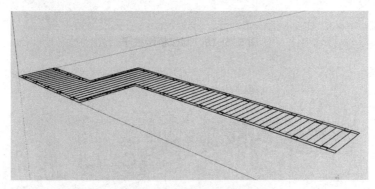

图 2-5-13　导入文件并封面

④ 反转平面　按下空格键，切换到选择命令，点选任意一个平面，右键反转平面，将其反转到正面。再次点击鼠标右键，选择确定平面的方向，将所有的面都反转到正面。

⑤ 双击进入组内，按下快捷键 P，执行推拉命令，将方柱向下推拉 200mm 的高度，如图 2-5-14 所示。

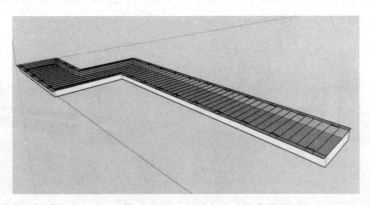

图 2-5-14　执行推拉命令

⑥ 制作曲桥的桥墩柱子　双击鼠标左键，重复执行上次推拉命令，推拉1000mm的高度，完成桥墩柱子部分的制作，如图2-5-15所示。

⑦ 制作曲桥的护栏　运用同样方法，将柱子的平面向内偏移40mm，推拉1000mm，完成护栏部分的制作，如图2-5-16所示。

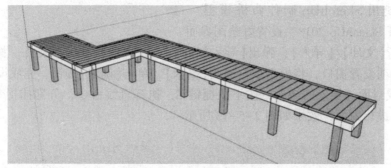

图 2-5-15　制作桥墩柱子

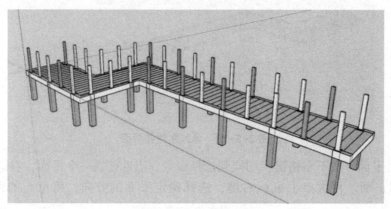

图 2-5-16　制作护栏

⑧ 利用曲桥底面进行移动、复制，距离150mm，推拉50mm，制作一侧单体护栏，如图2-5-17和图2-5-18所示。将单体护栏创建组，进行移动、复制，完成其他护栏部分的制作，如图2-5-19所示。

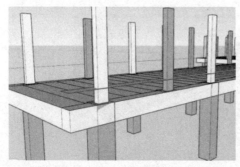

图 2-5-17　执行偏移命令

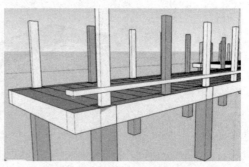

图 2-5-18　执行偏移命令

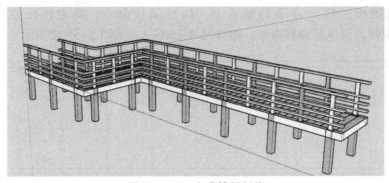

图 2-5-19　完成护栏制作

⑨ 选择材质　按下快捷键 B，打开【材质】编辑界面，选择曲桥底面和护栏的材质，设置纹理尺寸为 1000mm×1000mm。

⑩ 在【材料】编辑面板中设置纹理的尺寸，清晰显示材质的纹理。调整模型位置、赋予模型材质后，完成曲桥的制作，如图 2-5-20 所示。

⑪ 按下快捷键 Ctrl+S，将文件保存为"曲桥.skp"。

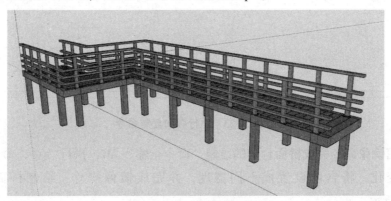

图 2-5-20　完成材质处理

## 2. 加强训练——拱桥的绘制

（1）使用 AutoCAD 绘制拱桥的平面图

① 按照单元一中的操作方法设置好绘图界面，按下 F10 键，打开"极轴追踪"，设置好对象捕捉 F3。

② 绘制拱桥桥体　命令行输入快捷键 L，绘制 3000mm×15000mm 矩形，如图 2-5-21 所示。

图 2-5-21　输入直线命令

③ 绘制拱桥护栏　命令行输入 O，执行偏移命令，确定桥柱位置，偏移尺寸 500mm。同时，再执行偏移命令，偏移尺寸 150mm，如图 2-5-22 所示。

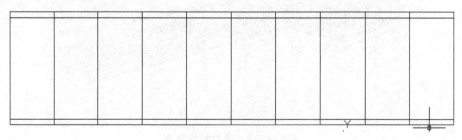

图 2-5-22　执行偏移命令

④ 绘制拱桥桥柱　命令行输入 C，执行"圆"命令，绘制单个桥柱，半径 150mm。再次在命令行输入 CO，执行"复制"命令，完成绘制，如图 2-5-23 所示。

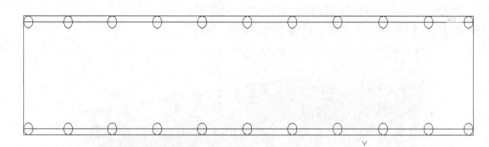

图 2-5-23　执行圆和复制命令

⑤ 运用镜像命令完成桥面台阶的绘制　命令行输入 MI，执行"镜像"命令，根据拱桥弧度的变化，将台阶设置成不同宽度，并完成镜像操作，绘制桥面部分，如图 2-5-24 所示。

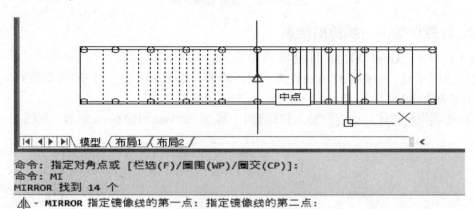

图 2-5-24　执行镜像命令

此外，拱桥底面的弧形部分在这里没有绘制，这部分内容在 SU 建模中会有讲解。

⑥ 进行虚拟打印　命令行输入 Ctrl+P，打开【打印】窗口。选择刚刚设置的 Postscript Level 1 打印机，图纸选择 A4（297mm×210mm），勾选"打印到文件"和"居中打印"选项。

⑦ 打印范围选择【窗口】模式，这时会切换到模型窗口，用鼠标捕捉左上角点和右下角点，确定打印具体范围。切换回【打印】窗口，单击【预览】按钮，确认图纸打印准确，单击鼠标右键，选择"打印"。

⑧ 弹出【浏览打印文件】窗口，选择保存路径，文件名修改为"拱桥-Model.eps"，单击【保存】按钮，完成打印。

（2）使用 Photoshop CC 绘制拱桥的平面图

① 拖动"拱桥-Model.eps"文件到 Photoshop CC 2018 快捷方式图标上，在弹出的窗口中设置文件分辨率为 100 像素/英寸，模式为 RGB 颜色，单击【确定】按钮。打开文件。

② 按下快捷键 Ctrl+Shift+N，新建名为"底色"的图层。选中"底色"图层，按下快捷键 Ctrl+[，将图层的位置下移一层。按下快捷键 Ctrl+Delete，填充底色图层为白色。

③ 按下快捷键 Ctrl+Shift+N，新建名为"拱桥"的图层，如图 2-5-25 所示。

④ 选择填充范围　依次按下快捷键 W、Shift+W，切换到"魔棒"工具 。勾选"对所有图层取样"选项，鼠标点选一部分拱桥底面，按住 Shift 键，加选所有拱桥的范围，选中的部分变为闪动的蚂蚁线，如图 2-5-26 所示。

图 2-5-25　定义图层

⑤ 拾取颜色并填充　鼠标单击工具栏上的拾色器 ，点选上面的小方块，打开前景色拾色器，将颜色设置 RGB 值，按下【确定】按钮，如图 2-5-27 和图 2-5-28 所示。

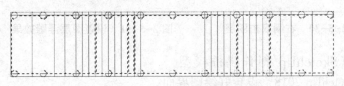

图 2-5-26　执行魔棒选取工具

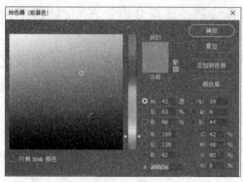
图 2-5-27 拾取并填充

图 2-5-28 拾取并填充

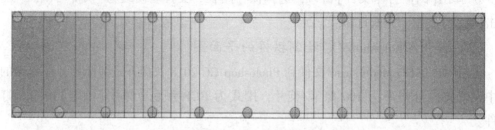
图 2-5-29 执行渐变工具

⑥ 完成桥柱与栏杆的颜色填充　按下快捷键 G，运用"渐变"工具将拱桥的桥底面填充成木头色，并依次完成柱子和栏杆部分的绘制，如图 2-5-29 所示。

⑦ 利用杂色、斜面和浮雕样式调整桥面整体效果　执行"滤镜"命令，添加杂色。杂色数量为 6~10，制作出底面的纹理效果。同时，选择柱子和栏杆两个图层，分别双击图层右侧，如图 2-5-30 所示，打开【图层样式】窗口，勾选【斜面和浮雕】样式，如图 2-5-31所示。单击【确定】按钮。

⑧ 最终完成的彩色平面图，按下快捷键 Ctrl+Shift+S，将文件保存为"拱桥.jpeg"。

图 2-5-30　右侧双击图层

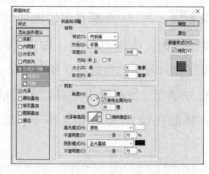
图 2-5-31　设置图层浮雕效果

(3) 使用 SketchUp 制作拱桥模型
① 打开 SketchUp 2018，设置好绘图界面。
② 执行【文件】/【导入】，弹出【导入】窗口，选择"拱桥.dwg"文件。按下【选

项】按钮，在【选项设置】窗口，将模型单位改为"毫米"，单击【确定】按钮，完成设置。

③ 进行封面　导入线条，按下快捷键 L，执行"直线"命令，分别捕捉每个面上一条边描线，进行封面，效果如图 2-5-32 所示。

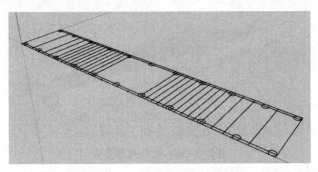

图 2-5-32　执行直线命令并封面

④ 按下快捷键 P，执行推拉命令，将拱桥的台阶逐级向上推拉，每级 150mm，高差 50mm，如图 2-5-33 所示。

⑤ 制作台阶　双击鼠标左键，重复执行上次推拉命令，制作拱桥台阶的另外一侧，如图 2-5-34 所示。

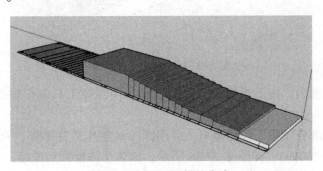

图 2-5-33　执行推拉命令

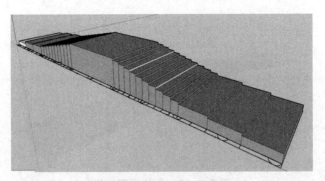

图 2-5-34　完成台阶制作

⑥ 制作桥拱部分　按下快捷键R，运用矩形工具，绘制一个矩形，如图2-5-35所示。

⑦ 利用该矩形在其内部绘制一条弧线，修改成弧形平面，如图2-5-36所示。

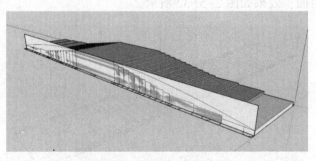

图 2-5-35　执行矩形命令

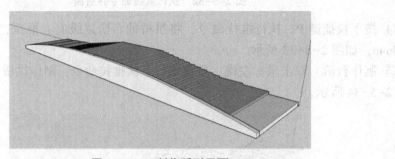

图 2-5-36　制作弧形平面

⑧ 在弧形平面内，按下快捷键P，推到底利用圆弧工具制作桥拱，如图2-5-37所示。

⑨ 制作桥柱部分　按下快捷键C，运用圆工具制作桥柱单体，直径200mm。按下快捷键P，推拉1500mm，如图2-5-38所示。创建单体桥柱后成组，进行移动、复制，完成桥柱其他部分的制作，如图2-5-39所示。

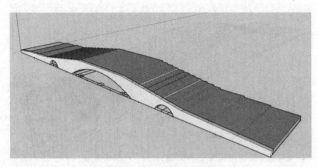

图 2-5-37　制作弧形桥拱

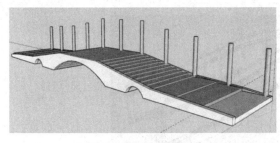
图 2-5-38 制作桥柱

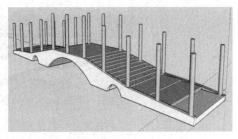
图 2-5-39 复制桥柱

⑩ **制作单侧桥体护栏部分** 按下快捷键 R，同样运用矩形工具，绘制一个矩形，如图 2-5-40 所示。在矩形平面内，按下快捷键 A，运用圆弧工具制作护栏。由下向上，护栏的尺寸分别为 200mm、800mm、150mm 和 200mm，如图 2-5-41 所示。完成单侧护栏的制作，如图 2-5-42 所示。

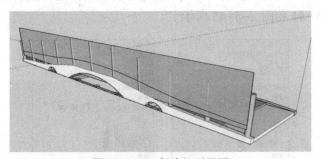
图 2-5-40 创建矩形平面

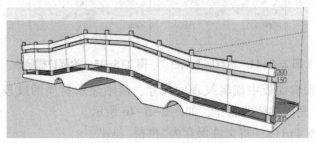
图 2-5-41 护栏参数设置

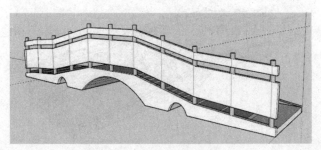
图 2-5-42 完成单侧护栏制作

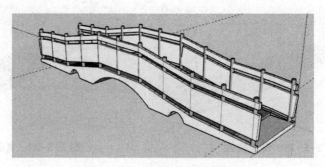

图 2-5-43 完成双侧护栏制作

⑪ 创建单体护栏后成组，按住 Ctrl 键进行移动、复制，完成护栏其他部分的制作，如图 2-5-43 所示。

⑫ 选择材质　按下快捷键 B，打开【材质】编辑界面，选择拱桥底面的材质和护栏的材质，如图 2-5-44 和图 2-5-45 所示。

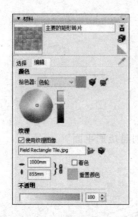 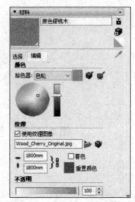

图 2-5-44　拾取底面颜色　　图 2-5-45　拾取护栏颜色

⑬ 在【材料】编辑面板中编辑纹理的尺寸，清晰显示材质的纹理。调整模型位置、赋予模型材质后，完成拱桥的制作，如图 2-5-46 所示。

⑭ 按下快捷键 Ctrl+S，将文件保存为"拱桥.skp"。

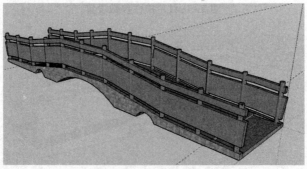

图 2-5-46　赋予模型材质

**3. 进阶训练——现代桥**

(1) 使用 AutoCAD 绘制现代桥的平面图

① 绘制桥底面　输入快捷键 L，按照命令提示执行直线命令，绘制 2500mm×5200mm 矩形，按下键盘上的回车键确定，如图 2-5-47 所示。

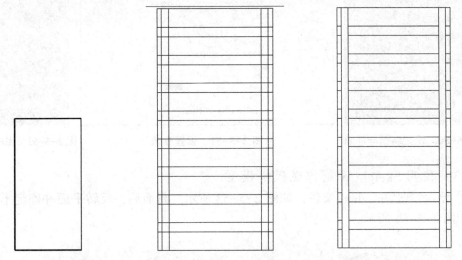

图 2-5-47　执行直线命令　　图 2-5-48　执行偏移命令　　图 2-5-49　完成桥底面制作

② 完成桥底面绘制　输入快捷键 O，执行"偏移"命令，偏移尺寸 100mm、150mm，绘制桥护栏部分，如图 2-5-48 所示。底面偏移尺寸 400mm、200mm，并输入快捷键 TR，修剪多余线条，完成桥底面的简单绘制，如图 2-5-49 所示。

③ 将 CAD 绘制的文件进行虚拟打印。

④ 保存文件为"现代桥.eps"。

(2) 使用 Photoshop CC 绘制现代桥的平面图

① 拖动"现代桥.eps"文件到 Photoshop CC 2018 快捷方式图标上，在弹出的窗口中设置文件分辨率为 100 像素/英寸，模式为 RGB 颜色，单击【确定】按钮，打开文件。

② 新建图层填充白色作为底色。

③ 双击图层右侧，打开【图层样式】窗口，选择"斜面与浮雕"样式，如图 2-5-50 所示。然后，在【图层样式】窗口中选择"投影"，并设置大小等参数，单击【确定】按钮，如图2-5-51所示。

④ 完成现代桥底部和护栏部分的制作，如图 2-5-52 所示。

⑤ 将文件保存为"现代桥.jpg"。

 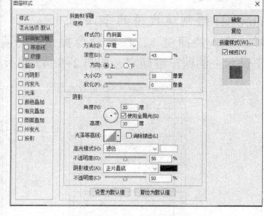 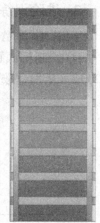

图 2-5-50　设置斜面与浮雕　　　图 2-5-51　设置参数　　　图 2-5-52　完成制作

（3）使用 SketchUp 制作现代桥模型

① 导入"现代桥.dwg"文件，如图 2-5-53 所示。封面后，反转平面并确定平面方向，如图 2-5-54 所示。

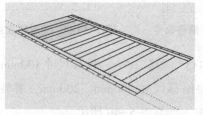 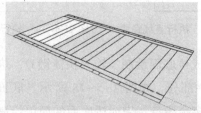

图 2-5-53　导入文件　　　　　　图 2-5-54　反转平面

② 利用矩形工具，绘制辅助矩形平面，在上面绘制桥的底面，将桥体厚度推拉 250mm，如图 2-5-55 所示。

③ 选择木质贴图，制作桥体底面，如图 2-5-56 所示。

④ 选择石材贴图，制作桥体侧面部分，如图 2-5-57 和图 2-5-58 所示。

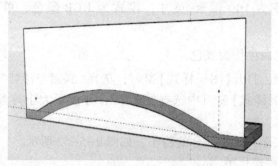

图 2-5-55　绘制曲面

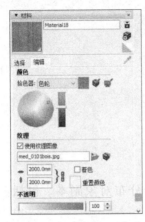 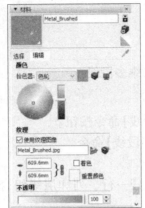 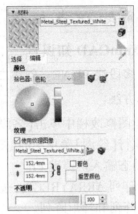

图 2-5-56　拾取木质贴图　　图 2-5-57　选择石材贴图　　图 2-5-58　拾取石材贴图

⑤ 将模型赋予材质，完成桥体的制作，如图 2-5-59 所示。

⑥ 参照拱桥制作方法，选择贴图，制作桥体护栏，如图 2-5-60 所示。

⑦ 绘制矩形后修剪护栏，护栏高度 1600mm，完成单侧护栏制作，如图 2-5-61 所示。同样操作，移动复制另外一侧护栏，如图 2-5-62 所示。

⑧ 模型制作完毕，将文件保存为"现代桥.skp"。

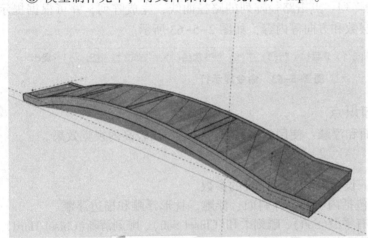 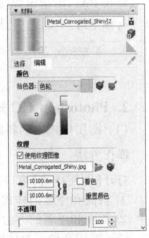

图 2-5-59　赋予木质和石材材质　　　　　　　　　　图 2-5-60　拾取颜色

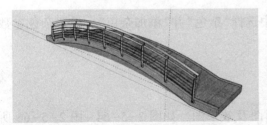 

图 2-5-61　完成单侧护栏制作　　　　　　图 2-5-62　完成模型制作

## 常用知识点梳理

### 1. AutoCAD 知识点

（1）多段线 PLINE：创建二维多段线。

操作方法：

① 绘图修改栏中单击【多段线】命令按钮。
② 执行【绘图】菜单中的【多段线】命令。
③ 动态输入快捷键 PL。

（2）阵列 ARRAYRECT：按任一行、列和层级组合分布对象副本。包括：矩形阵列、路径阵列和环形阵列。

操作方法：

① 绘图修改栏中单击【阵列】命令按钮。
② 执行【修改】菜单中的【阵列】命令。
③ 动态输入快捷键 AR。

路径阵列操作提示：

路径 PA：沿指定线段阵列。点击路径阵列的路径曲线，完成阵列，并可根据提示命令行调节阵列项目、行层数和方向等内容，如图 2-5-63 所示。

[关联(AS) 方法(M) 基点(B) 切向(T) 项目(I) 行(R) 层(L) 对齐项目(A) Z 方向(Z) 退出(X)] <退出>:

图 2-5-63　命令提示行

### 2. Photoshop CC 知识点

（1）图层样式中的斜面和浮雕：使用频率高，可以制作出较高的视觉效果。

操作方法：

打开【图层样式】窗口，设置【斜面和浮雕】的参数。
① 斜面和浮雕的样式包括内斜面、外斜面、浮雕、枕形浮雕和描边浮雕。
② 斜面和浮雕的方法有平滑(Soft)、雕刻柔和(Chisel Soft)、雕刻清晰(Chisel Hard)。

（2）滤镜杂色：整体图像表现为颗粒质感。

操作方法：

打开菜单栏中的"滤镜"，在下拉菜单中选择"杂色"并"添加杂色"，设置杂色参数中的数量及分布参数。

## 课后训练

**练习1**：根据园林拱桥的平面图、立面图及效果图，如图 2-5-64～图 2-5-66 所示，完成 CAD 平面图的绘制、PS 彩色平面图和 SU 模型的制作。

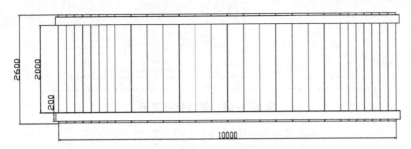

图 2-5-64 拱桥平面图

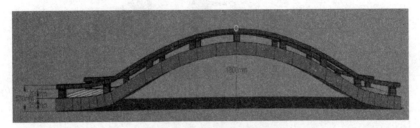

图 2-5-65 拱桥立面图

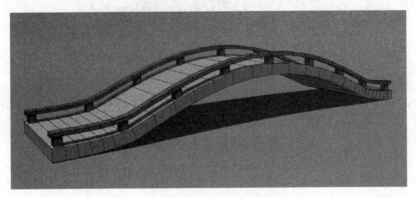

图 2-5-66 拱桥效果图

**操作提示：**

（1）绘制 2600mm×10000mm 的矩形。

（2）向内偏移 100mm 的距离，完成拱桥底面和栏杆的制作。

（3）拱桥底面台阶进行偏移。

（4）修剪多余的线条。

**练习 2：** 根据园林景观桥的平面图、立面图和效果图，如图 2-5-67～图 2-5-69 所示，完成 CAD 平面图的绘制、PS 彩色平面图和 SU 模型的制作。

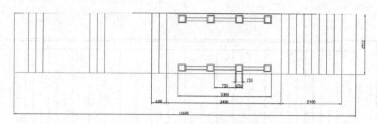

图 2-5-67 景观桥平面图

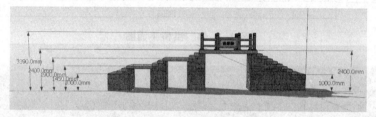

图 2-5-68 景观桥立面图

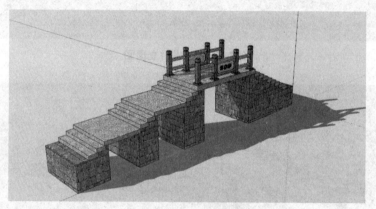

图 2-5-69 景观桥效果图

**操作提示：**
（1）绘制 2500mm×11600mm 的矩形。
（2）根据尺寸标注，绘制台阶、柱体和护栏。
（3）修剪多余的线条。

## 六、园林图纸的标注

**学习目标**

❖ 熟练使用 AutoCAD 标注样式管理器创建标注样式。
❖ 熟练使用 AutoCAD 进行园林图纸平面图标注。

- 熟练使用 AutoCAD 进行园林图纸立面图标注。
- 熟练使用 AutoCAD 进行园林图纸竖向设计高程标注。
- 熟练使用 AutoCAD 进行园林图纸距离、周长和面积测量。
- 熟练掌握 AutoCAD 进行园林设计图、施工图的尺寸标注。

## 1. 基础训练——标注道路断面施工图

首先绘制道路断面施工图，如图 2-6-1 所示。

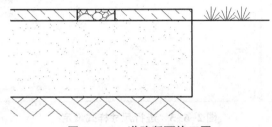

图 2-6-1 道路断面施工图

（1）绘制折断符号

在天正菜单中找到【符号标注】中的加折断线命令，或者在工具命令栏中单击【加折断线】按钮，用光标找到两个端点，添加折断符号，如图 2-6-2 所示。

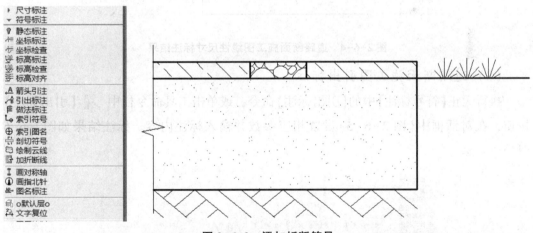

图 2-6-2 添加折断符号

（2）道路断面施工图线性尺寸标注

① 在天正工具条中选择【设置】/【尺寸样式】，进行参数设定与修改，如图 2-6-3 所示。

② 执行天正【符号标注】中的快速标注、自由标注、逐点标注等命令，或单击工具命令栏中 【逐点标注】、 【增补尺寸】、 【连接尺寸】等按钮进行道路断面施工图线性尺寸标注。标注结果如图 2-6-4 所示。

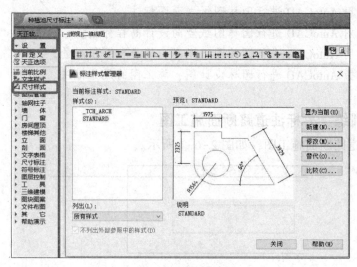

图2-6-3 进行尺寸样式设定

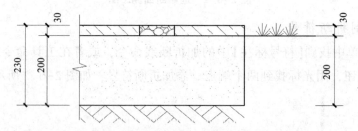

图2-6-4 道路断面施工图线性尺寸标注结果

(3) 道路断面施工图引出标注

执行天正【符号标注】中的【引出标注】命令,或单击工具命令栏中 【引出标注】按钮,在对话框中(图2-6-5)设置相应参数并输入标注内容。标注结果如图2-6-6所示。

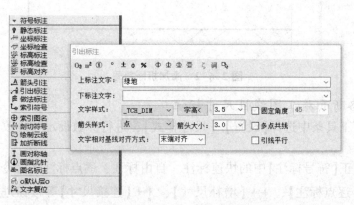

图2-6-5 "引出标注"对话框

(4) 道路断面施工图做法标注

执行天正【符号标注】中的做法标注命令，或单击工具命令栏中 "做法标注"命令，在对话框中（图2-6-7）设置相应参数并进行施工图中结构、工序、材料等标注。标注结果如图2-6-8所示。

图 2-6-6 引出标注结果

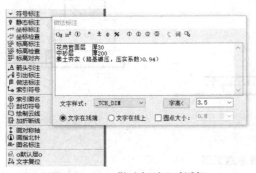

图 2-6-7 "做法标注"对话框

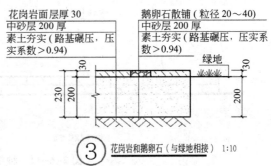

图 2-6-8 道路断面施工图标注结果

(5) 道路断面施工图图名注写

① 索引图名注写　执行天正【符号标注】中的索引图名命令，在索引对话框中输入参数，用鼠标确定位置进行索引图名注写。如图 2-6-9 所示。

② 图名注写　执行天正【符号标注】中的图名标注命令，或单击工具命令栏中【图名标注】按钮，或在绘图区中动态输入 TMBZ，调用【图名标注】对话框，输入图名、比例并设定各项参数，如图 2-6-10 所示。

图 2-6-9 "索引图名"对话框

图 2-6-10 "图名标注"对话框

## 2. 加强训练——标注种植池施工图

首先绘制种植池施工图，如图 2-6-11 所示。

(1) 种植池施工图图名注写

种植池施工图图名注写方法与道路断面施工图图名的注写方法相同。标注结果如图 2-6-14 所示。

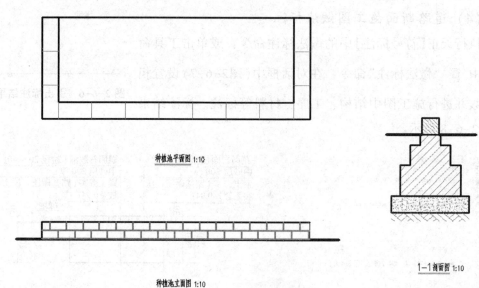

图 2-6-11 种植池施工图

(2) 种植池施工图线性尺寸标注

种植池施工图线性尺寸标注方法与道路断面施工图线性尺寸标注方法相同。标注结果如图 2-6-14 所示。

(3) 种植池施工图标高标注

执行天正【符号标注】中的标高标注命令，或单击工具命令栏中 ±00 【标高标注】按钮，在对话框中(图 2-6-12)选择所需的标注形式，设置相应参数并进行高程标注。

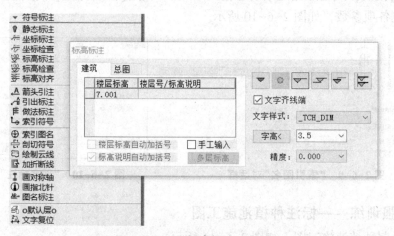

图 2-6-12 "标高标注"对话框

(4) 种植池施工图剖切符号标注

执行天正【符号标注】工具条中剖切符号命令进行标高标注，如图 2-6-13 所示。

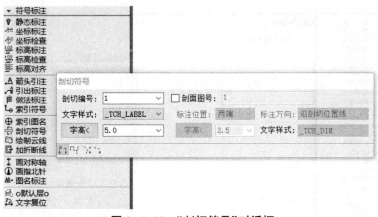

图 2-6-13 "剖切符号"对话框

（5）种植池施工图引出标注

种植池施工图施工材料及其规格要求标注方法与道路断面施工图的引出标注方法相同。标注结果如图 2-6-14 所示。

（6）种植池施工图做法标注

种植池施工图施工工序、结构、材料等标注方法同道路断面施工图的做法标注方法相同。标注结果如图 2-6-14 所示。

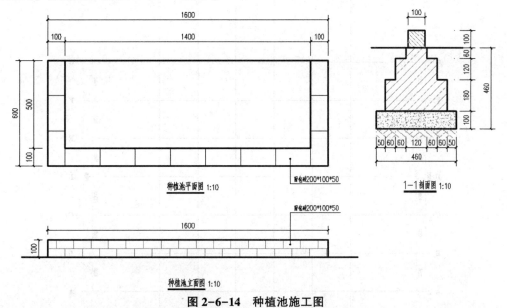

图 2-6-14 种植池施工图

## 3. 进阶训练——植物种植定位定线图标注

（1）绘制定位轴线

执行天正【轴网柱子】工具条中绘制轴网命令，或者在命令栏中单击 【绘制轴网】按钮，根据场地大小与标注要求绘制定位轴线，如图 2-6-15 所示。选择【上开】选

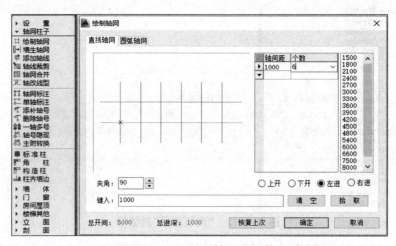

图 2-6-15 "绘制轴网"对话框

项,设定轴间距为1000mm,个数为5;选择【左进】选项,设定轴间距为1000mm,个数为6,点击【确定】按钮。结果如图2-6-16所示。

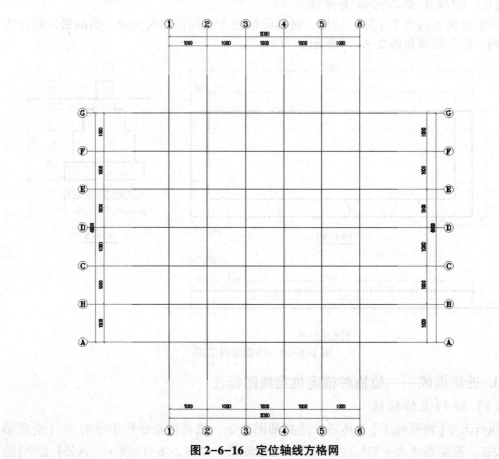

图 2-6-16 定位轴线方格网

（2）绘制植物种植设计图并进行图名标注、引出标注等方法略，结果如数字资源中的图 5"种植设计平面图"。

（3）苗木统计表编写

① 绘制苗木统计表表格。

② 录入设计方案中所应用的植物名称、规格、单位、备注等。

③ 统计乔木等植物的数量。

- 在命令行输入"QSELECT"，启动"快速选择"命令。如图 2-6-17 所示。
- 根据需要，确定"应用到"为"整个图形"或"当前选择"。
- 对象类型设定为"块参照"，特性设定为"名称"，"运算符"设定为"＝等于"。
- 将"值"设定为所要统计的块名。
- 单击【确定】按钮，在命令栏得到统计的数量，填入苗木统计表。

④ 统计花卉、灌木、草坪的数量。

AutoCAD 中可通过执行【默认】菜单中【实用工具】（图 2-6-18）中相应命令进行距离、半径、角度、面积、体积的测量。根据需要，调用相应命令，按命令提示栏提示，找到需要测量的对象或关键点，即可得到所需要的数据。如图 2-6-19 所示。

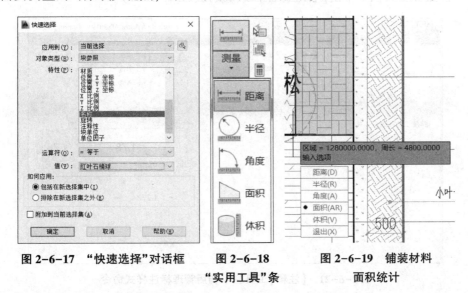

图 2-6-17　"快速选择"对话框　　图 2-6-18　"实用工具"条　　图 2-6-19　铺装材料面积统计

## 常用知识点梳理

### 1. AutoCAD 尺寸标注常用知识点

（1）调用管理标注样式：如果直接进行管理标注，则系统使用默认名称为"Standard"的样式。在实际应用中，可以根据实际情况对其中不合适的项目进行调整与修改。

① 操作方法　通过以下三种方法中的任意一种，可以开启【标注样式管理器】。
- 执行【注释】菜单中的管理标注样式命令（图 2-6-20）。

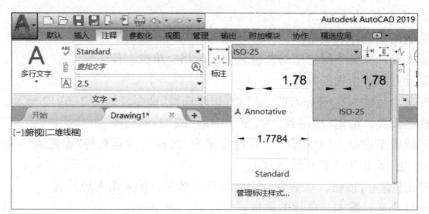

图 2-6-20　【注释】菜单下调用管理标注样式命令

- 在绘图区中动态输入 DIMSTYLE。
- 在注释工具栏中单击【管理标注样式】按钮（图 2-6-21）。

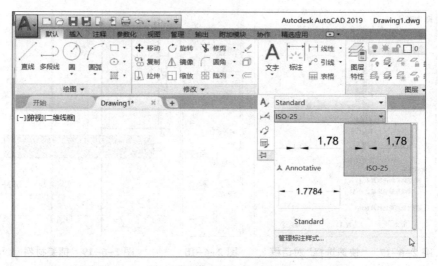

图 2-6-21　【注释】工具栏中调用管理标注样式命令

开启后的"标注样式管理器"对话框，如图 2-6-22 所示。
② 选项说明
- "置为当前"：可将"样式"列表框中选中的样式设置为当前样式。
- "新建"：定义一个新的标注样式。单击【新建】按钮后得到"创建新标注样式"对话框（图 2-6-23）。
- "修改"：修改一个已存在的尺寸标注样式。修改样式对话框的内容与新建样式对话框的内容完全相同。

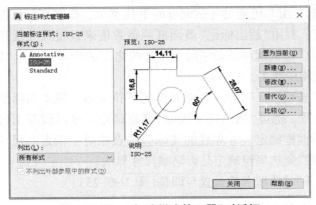

图 2-6-22 "标注样式管理器"对话框

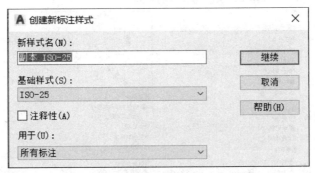

图 2-6-23 "创建新标注样式"对话框

- "替代"：设置临时覆尺寸标注样式。替代当前样式对话框的内容与新建样式对话框的内容完全相同。
- "比较"：比较两个尺寸标注样式在参数上的区别，或浏览一个尺寸标注样式的参数。

（2）【线】选项卡的设置与调整（图 2-6-24）：

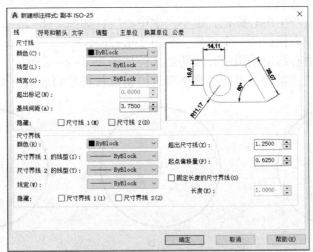

图 2-6-24 新建标注样式对话框

①"尺寸线"选项组　可通过各微调框的下拉菜单，根据实际情况，调用所需要的颜色、线型、线宽。利用"超出标记"微调框调整数值来设置尺寸线超出尺寸界线的距离。通过"基线距离"微调框调整相邻两条尺寸线之间的距离。通过"隐藏"复选框确定是否隐藏尺寸线及相应箭头。

②"尺寸界线"选项组　可通过各微调框的下拉菜单，根据实际情况，调用所需要的颜色、线型、线宽。通过"超出尺寸线"微调框确定尺寸界线超出尺寸线的距离。通过"起点偏移量"微调框确定尺寸界线的实际起始点相对于指定的尺寸界线的起始点的偏移量。通过"隐藏"复选框组确定是否隐藏尺寸界线。

(3)【符号和箭头】选项卡的设置与调整（图2-6-25）：

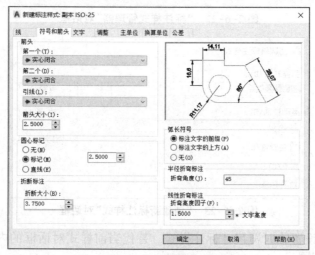

图 2-6-25　符号和箭头选项卡

①"箭头"选项组　可通过下拉列表选择各个箭头的形式。

②"圆心标记"选项组
- "无"：既不产生中心标记，也不产生中心线，如图 2-6-26-a 所示。
- "标记"：中心标记为一个记号，如图 2-6-26-b 所示。
- "直线"：中心标记采用中心线的形式，如图 2-6-26-c 所示。

③"弧长符号"选项组　可通过该选项组控制弧长符号的显示，如图 2-6-27 所示。

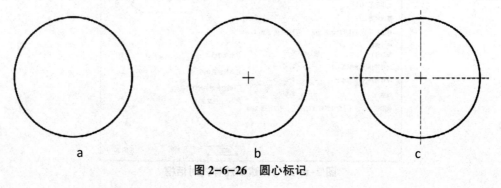

图 2-6-26　圆心标记

图 2-6-27 弧长符号

④ "半径折弯标注"选项组　此选项组用来控制折弯(Z字型)半径标注的显示,通常用于中心点位于页面外部时创建。如图 2-6-28 所示。

⑤ 线性折弯标注"选项组"　此选项组用来控制折弯高度。

(4)【文字】选项卡的设置与调整(图 2-6-29):

① "文字外观"选项组　可通过此选项组各项下拉菜单设置所需要的文字样式、文字颜色、填充颜色、文字高度、分数高度比例,并可通过勾选"绘制文字边框"为文本周边填加边框。

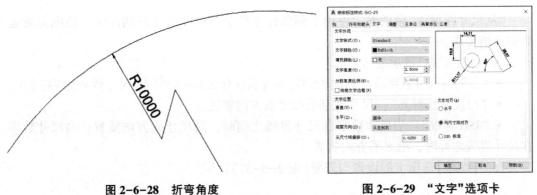

图 2-6-28　折弯角度　　　　　　　图 2-6-29　"文字"选项卡

② "文字位置"选项组　可通过此选项卡设置文字位置(图 2-6-30、图 2-6-31),并在【文字】选项卡右上部分预览。

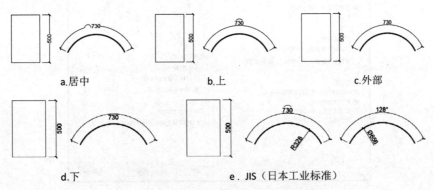

图 2-6-30　尺寸文本在重直方向的放置

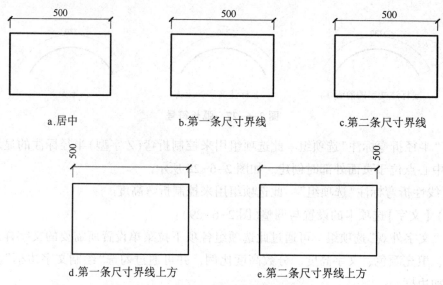

图 2-6-31　尺寸文本在水平方向的对齐方式

"从尺寸线偏移"微调框,可用于调整尺寸数字与尺寸线之间的距离,使图面看起来更清晰美观。

③ "文字对齐"选项组

● "水平":尺寸数字沿水平方向放置。不论标注什么方向的尺寸,尺寸数字总保持水平。

● "与尺寸线对齐":尺寸数字沿尺寸线方向放置。

● "ISO 标准":当尺寸数字在尺寸界线之间时,沿尺寸线方向放置;当尺寸数字在尺寸界线之外时,沿水平方向放置。

(5)【调整】选项卡的设置与调整(图 2-6-32):

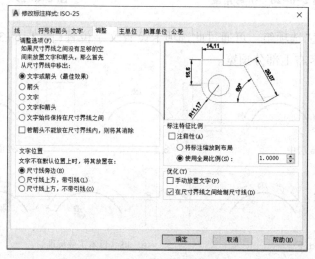

图 2-6-32　"调整"选项卡

① "调整选项"选项组　根据实际需要，在各项下拉菜单中对尺寸标注的箭头、文字、比例等进行更科学、美观的细致调整。

② "文字位置"选项组　当尺寸界线之间的位置不足以写下尺寸数字时，可根据实际情况设定文字位置。

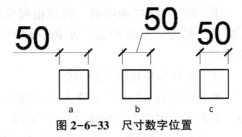

图 2-6-33　尺寸数字位置

- "尺寸线旁边"：把尺寸数字放在尺寸线的旁边，如图 2-6-33-a 所示。
- "尺寸线上方，带引线"：把尺寸数字放在尺寸线的上方，并用引线与尺寸线相连，如图 2-6-33-b 所示。
- "尺寸线上方，不带引线"：把尺寸数字放在尺寸线的上方，中间无引线，如图 2-6-33-c 所示。

③ "标注特征比例"选项组

- "注释性"：选中此复选框，则指定标注为 annotative。
- "将标注缩放到布局"：确定图纸空间内的尺寸比例系数，默认为 1。
- "使用全局比例"：确定整体的尺寸比例系数，其后面的"比例值"微调框可以用来选择需要的比例。

④ "优化"选项组

- "手动放置文字"：标注尺寸时由用户确定尺寸文本的放置位置，忽略前面的对齐设置。
- "在尺寸界线之间绘制尺寸线"：依据园林制图尺寸标注基本规范，一般情况下，在尺寸界线之间绘制尺寸线，且尺寸线需平行于被标注的直线或空间距离，尺寸文本需放在尺寸界线内尺寸线的上方居中位置。但是，当尺寸界线内空间太小放不下尺寸文本时，需以引出线的形式将尺寸文本放在外侧。

(6)【主单位】选项卡的设置与调整（图 2-6-34）：

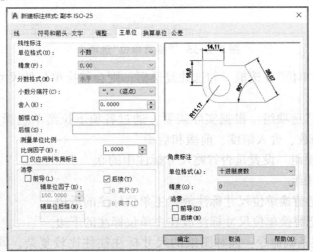

图 2-6-34　"主单位"选项卡

①"线性标注"选项组 可以根据实际需要,在各项下拉菜单中对尺寸标注的单位格式、精度、分数格式、小数分隔符、舍入、前缀、后缀等进行更科学、美观的调整。

②"测量单位比例"选项组

• "比例因子":用于确定自动测量尺寸时的比例。例如,如果确定比例因子为10,则把实际测量为1的尺寸标注为10。

• "消零"选项组:用于设置是否省略标注尺寸小数点后或数值末尾的0。

③"角度标注"选项组

• "单位格式":根据需要,在下拉菜单中选择"十进制度数""度/分/秒""百分度""弧度"4种角度单位。

• "精度":设置角度型尺寸标注的精度。

• "消零":设置是否省略标注角度时的0。

(7)【换算单位】选项卡的设置与调整(图2-6-35):

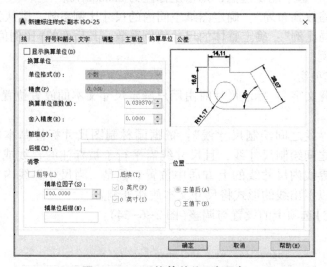

图 2-6-35 "换算单位"选项卡

①"显示换算单位"复选框 勾选此复选框,则会替换单位的尺寸值同时显示在尺寸文本上。

②"换算单位"选项组 根据实际需要,通过各项下拉菜单选择合适的单位格式、精度、换算单位倍数、舍入精度、前缀和后缀。

③"消零"选项组 设置是否省略尺寸标注中的0。

④"位置"选项组

• 主值后:把替换单位尺寸标注放在主单位标注的后边。

• 主值下:把替换单位尺寸标注放在主单位标注的下边。

(8)尺寸标注基础命令:园林图纸的尺寸标注往往比较复杂,同一幅图中,可能会有多种尺寸标注样式。

在进行尺寸标注之前,要选定所需要的尺寸样式,如有需要,则根据实际情况对所用尺寸样式的各项参数进行设定或修改。也可以标注后,根据需要再进行调整,调整后,之前标注的尺寸也会随之变化。

选定尺寸样式之后,根据需要调用尺寸标注工具。

操作方法:
- 尺寸标注的命令可通过命令行中输入命令或其快捷键。
- 在【注释】菜单中找到并单击相应的工具图标(图2-6-36)。
- 在【默认】→【注释】菜单中找到并单击相应的工具图标(图2-6-37)。

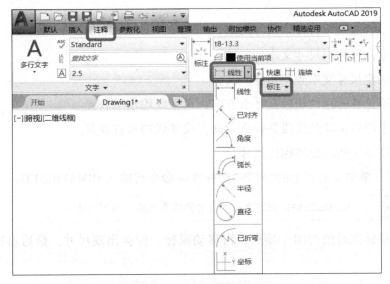

图 2-6-36　线性标注 1

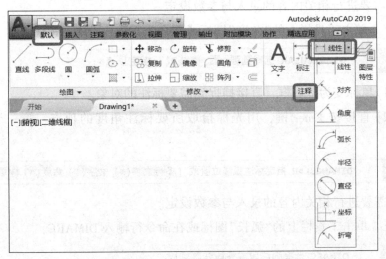

图 2-6-37　线性标注 2

(9) 尺寸标注工具操作与应用方法

① 线性　单击工具栏上的"线性"图标或在命令行输入 DIMLINEAR：

> ✕ 🔧 ├┼┤ **DIMLINEAR** 指定第一个尺寸界线原点或 <选择对象>：

〈方法1〉通过鼠标捕捉到需要标注距离的两个端点。

〈方法2〉直接按 Enter 键，光标变为拾取框，直接拾取所要标注的线段。

> ✕ 🔧 ├┼┤ **DIMLINEAR** [多行文字(M) 文字(T) 角度(A) 水平(H) 垂直(V) 旋转(R)]：

各项含义如下：

多行文字：录入多行文字尺寸文本。

文字：录入或编辑尺寸文本。

角度：确定尺寸文本倾斜角度。

水平：不论被标注的线段是什么方向，尺寸线均水平放置。

垂直：不论被标注的线段是什么方向，尺寸线均重直放置。

旋转：按设定角度旋转标注尺寸。

② 对齐　单击工具栏上的"对齐"图标或在命令行输入 DIMALIGNED：

> ✕ 🔧 ⟋ **DIMALIGNED** 指定第一个尺寸界线原点或 <选择对象>：

先点击要标注对象的两个端点，再移动鼠标，便会出现尺寸，最后点击鼠标确定尺寸的位置。

> ✕ 🔧 ⟋ **DIMALIGNED** [多行文字(M) 文字(T) 角度(A)]：

可根据需要进行相关内容的录入与参数设定。

③ 角度　单击工具栏上的"角度"图标或在命令行输入 DIMANGULAR：

> ✕ 🔧 △ **DIMANGULAR** 选择圆弧、圆、直线或 <指定顶点>：

〈方法1〉鼠标变为拾取框，直接捕捉到需要标注的对象。

〈方法2〉直接按 Enter 键，用光标拾取所要标注角度的顶点、第一个点和第二个点。

> ✕ 🔧 △ **DIMANGULAR** 指定标注弧线位置或 [多行文字(M) 文字(T) 角度(A) 象限点(Q)]：

可根据需要进行相关内容的录入与参数设定。

④ 弧长　单击工具栏上的"弧长"图标或在命令行输入 DIMARC：

> ✕ 🔧 ⌒ **DIMARC** 选择弧线段或多段线圆弧段：

〈方法〉鼠标变为拾取框，直接捕捉到需要标注的对象。

⑤ 半径　单击工具栏上的"半径"图标或在命令行输入 DIMRADIUS：

`DIMRADIUS 选择圆弧或圆：`

〈方法〉鼠标变为拾取框，直接捕捉到需要标注的对象。

`DIMRADIUS 指定尺寸线位置或 [多行文字(M) 文字(T) 角度(A)]：`

可根据需要进行相关内容的录入与参数设定。

⑥ 直径　单击工具栏上的"直径"图标或在命令行输入 DIMDIAMETER：

`DIMDIAMETER 选择圆弧或圆：`

〈方法〉鼠标变为拾取框，直接捕捉到需要标注的对象。

`DIMDIAMETER 指定尺寸线位置或 [多行文字(M) 文字(T) 角度(A)]：`

可根据需要进行相关内容的录入与参数设定。

⑦ 坐标　单击工具栏上的"坐标"图标或在命令行输入 DIMORDINATE：

`DIMORDINATE 指定点坐标：`

〈方法〉单击鼠标，确定坐标标注点。

`DIMORDINATE 指定引线端点或 [X 基准(X) Y 基准(Y) 多行文字(M) 文字(T) 角度(A)]：`

单击鼠标指定引线端点或按需要进一步进行参数设定或文本录入。

⑧ 弯折　单击工具栏上的"弯折"图标或在命令行输入 DIMJOGGED：

`DIMJOGGED 选择圆弧或圆：`

〈方法〉鼠标变为拾取框，直接捕捉到需要标注的对象。

`DIMJOGGED 指定图示中心位置：`

单击鼠标，确定中心位置。

`DIMJOGGED 指定尺寸线位置或 [多行文字(M) 文字(T) 角度(A)]：`

可根据需要进行相关内容的录入与参数设定。

⑨ 快速　单击工具栏上的"快速"图标或在命令行输入 QDIM：

`QDIM 选择要标注的几何图形：`

〈方法1〉鼠标变为拾取框，连续捕捉需要标注的对象。

〈方法 2〉拖动鼠标，捕捉需要标注的对象。如图 2-6-38 所示。

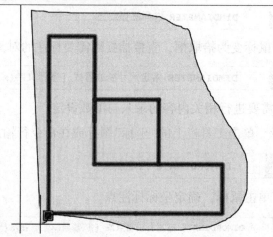

图 2-6-38　捕捉快速标注对象

将需要标注的对象全部选中后，按回车键。

单击鼠标进行标注或按需要进一步进行参数设定或文本录入。

⑩ 连续　用"线性"或"角度"命令进行单一线段或角度的标注。

单击工具栏上的"连续"图标或在命令行输入 DIMCONTINUE：

连续点击标注线段或角度端点位置。

⑪ 基线　基线标注用于产生一系列基于同一条尺寸界线的尺寸标注，适用于长度尺寸标注、角度标注和坐标标注等。在使用基线标注方式之前，应该先标注出一个相关的尺寸。

单击工具栏上的"基线"图标或在命令行输入 DIMBASELINE：

`DIMBASELINE 指定第二个尺寸界线原点或 [选择(S) 放弃(U)] <选择>:`

〈方法1〉直接确定另一个尺寸的第二条尺寸界线的起点,以上次标注的尺寸为基准标注,标注出相应尺寸。

〈方法2〉直接按 Enter 键,选取作为基准尺寸的标注。

(10) 文字:AutoCAD 文字工具分为单行文字和多行文字,如图 2-6-39 所示。

① 设置文字样式

• 通过【注释】菜单中的"管理文字样式"命令(图 2-6-40)调出【文字样式】对话框(图 2-6-41)。

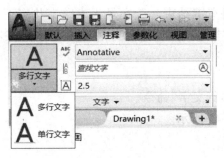
图 2-6-39 文字工具栏

图 2-6-40 调用"文字样式"对话框

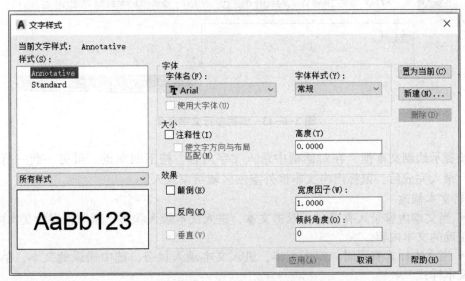
图 2-6-41 "文字样式"对话框

• 在命令行中输入 STYLE 或 DDSTYLE。

可根据需要,新建文字样式,调整所需文字的字体、样式,设定文字高度,设置

"颠倒"与"反向""垂直"效果。设置完成后，单击【应用】/【确定】。如图2-6-41所示。

② 创建单行文本
- 执行【注释】菜单中【文字】子菜单的单行文字命令。
- 绘图区中动态输入TEXT，如图2-6-42所示。

图 2-6-42　调用单行文字命令

按提示依次指定文字起点、高度、旋转角度，在文本框中录入文字内容。按下回车键，可另起一行继续录入。录入完成后按回车键结束。若在录入未结束状态下，用鼠标点击文本框外空白处，则结束上一个文本的录入，自动开启下一个单行文本的录入。

③ 创建多行文本
- 执行【注释】菜单中【文字】子菜单的"多行文字"命令。
- 绘图区中动态输入MTEXT，如图2-6-43所示。

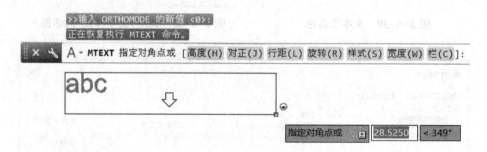

图 2-6-43　调用多行文字命令

按提示绘制文本框，在对话框中录入文字内容，按下回车键，可另一起一行继续录入。录入完成后，鼠标点击文本框外空白区域结束录入。

④ 文本修改
- 当文本内容录入有误时，双击文本，进入文本录入状态，删掉错误的文本内容，写上正确的文本内容。
- 当文本样式有误时，双击文本，进入文本录入状态，选中错误的文本，单击正确的文本样式。
- 当文字大小有误又不想更改文本样式时，单击文字，整体选中文本，用缩放命令进行调整。

⑤ 录入特殊符号
- 在文本编辑状态下，单击鼠标右键，执行符号命令，如图2-6-44所示。

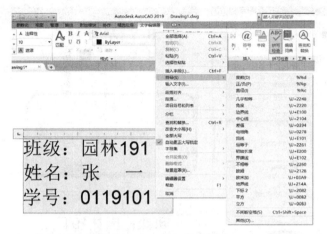

图 2-6-44 执行符号命令

• 如果上述操作找不到所要录入的符号，则点击【其他】，打开【字符映射表】窗口（图 2-6-45），单击所需要的符号后，点击【选择】/【复制】，然后关闭"字符映射表"。在录入状态下单击右键，执行粘贴命令。

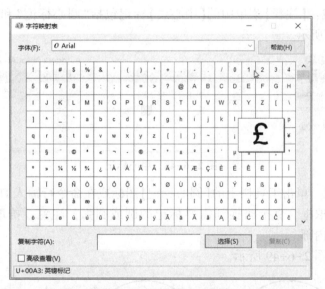

图 2-6-45 字符映射表

• 在其他程序（如写字板、Word 文档等）中录入所需要的内容，按鼠标左键进行选择（或 Ctrl+A），单击右键进行复制（或 Ctrl+C），在 AutoCAD 文本录入框中单击右键执行【粘贴】命令。

⑥ 对多行文本进行排版与编辑

• 在文本编辑状态下，单击右键，如图 2-6-46 所示。
• 在文本编辑状态下，通过【文字编辑器】进行调整，如图 2-6-47 所示。

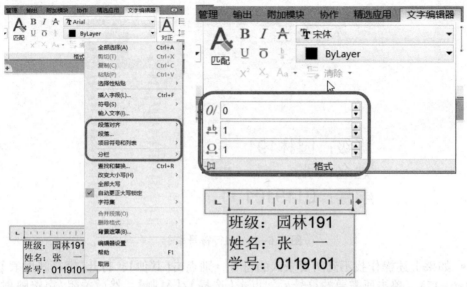

图 2-6-46　调用多行文本排版命令　　　图 2-6-47　多行文本文字编辑器

（11）中心线：【注释】菜单中的【中心线】标记包括"圆心标记"和"中心线"两种类型。如图2-6-48所示。

图 2-6-48　中心标记

① 圆心标记　单击工具栏上的【圆心标记】图标或在命令行输入 DIMCENTER。

鼠标变为拾取框，直接捕捉到需要标记的圆或圆弧，注意，拾取框要点到线上，而不要拾取圆的内部。

标记结果如图 2-6-49 所示。

图 2-6-49　圆心标记　　　　图 2-6-50　中心线标记

② 中心线标记　单击工具栏上的【中心线】图标或在命令行输入【DIMCENTER】。

鼠标变为拾取框，直接捕捉到需要标记的线。标记结果如图 2-6-50 所示。

（12）引线：引线功能不仅可以标注特定的尺寸，如圆角、倒角等，还可以在图中添加多行旁注、说明。在引线标注中，指引线可根据需要设定为折线或曲线；指引线端部可以有箭头，也可以没有。我们经常用到的引线命令包括一般引线、多重引线、添加引线、删除引线、对齐、合并几种，从【注释】中的【引线】下拉菜单中可调用相应命令，如图 2-6-51 所示。

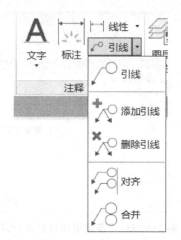

图 2-6-51　引线标注

① 一般引线　一般引线参数设置：在命令行输入命令 QLEADER，按空格键或回车键执行此命令。

输入字母 S，打开"引线设置"对话框，如图 2-6-52 所示。

根据实际需要，对一般引线的"注释""引线和箭头""附着"等参数进行修改。

按命令栏提示，进行引线标注并输入标注内容。在文本输入过程中，按回车键，可切换到下一行。输入完成后，按回车键完成录入。

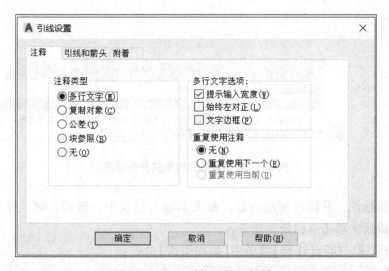

图 2-6-52　"引线设置"对话框

② 多重引线　多重引线参数设置：点击【注释】/【引线】的 ↘ 按钮，打开【多重引线样式管理器】，如图 2-6-53 所示。可应用初始自带 Annotative 或 Standard 样式，也可根据实际需要，新建或修改多重引线样式。实际工作中，以新建样式居多。如图 2-6-54 所示。

图 2-6-53 "多重引线样式管理器"对话框

图 2-6-54 "新建多重引线样式"对话框

- 执行【注释】菜单中"引线"命令。
- 在绘图区中动态输入 MLEADER。

> ﹏﹏ MLEADER 指定引线箭头的位置或 [引线基线优先(L) 内容优先(C) 选项(O)] <选项>:

根据实际情况，可选择应用"引线基线优先""内容优先""引线箭头优先"中的任何一种形式。

输入字母 O，对引线相关参数进行设定。如图 2-6-55 所示。

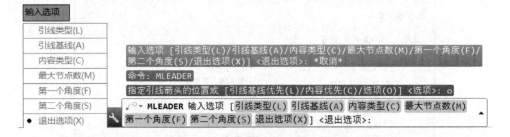

图 2-6-55 多重引线相关参数设定

进行引线标注，并输入标注内容。在文本输入过程中，按回车键，可切换到下一行。输入完成后，单击空白处完成录入。

③ 添加引线　执行【注释】菜单中【添加引线】命令：

> ﹏﹏ AIMLEADEREDITADD 选择多重引线：

〈方法〉鼠标变为拾取框，直接捕捉到需要添加的引线。根据需要添加一条或多条引线，按回车键结束。

④ 删除引线　执行【注释】菜单中【删除引线】命令。

▶ AIMLEADEREDITREMOVE 选择多重引线：

〈方法〉鼠标变为拾取框，直接捕捉到需要删除的引线，按回车键结束。

⑤ 对齐　执行【注释】菜单中【对齐】命令。

▶ MLEADERALIGN 选择多重引线：

〈方法〉鼠标变为拾取框，直接捕捉到要对齐的引线，指定方向，按回车键结束。

▶ MLEADERALIGN 选择要对齐到的多重引线或 [选项(O)]：

⑥ 合并　执行【注释】菜单中的合并命令。

▶ MLEADERCOLLECT 选择多重引线：

〈方法〉选择需要合并的多个多重引线。指定合并方向，并指定多重引线的位置，完成多重引线的合并。

⑦ 修改引线标注文字内容或格式　当引线标注的文字内容或格式等出现错误时，鼠标双击文字进行内容修改，在【样式】里进行样式修改。如图 2-6-56 所示。

图 2-6-56　修改引线标注的文字内容或格式

(13) 表格：在图纸目录、苗木统计表和施工图的绘制过程中经常会用到表格工具。

① 插入并设置表格

- 执行【注释】菜单中的表格命令，打开【插入表格】对话框，如图 2-6-57 所示。

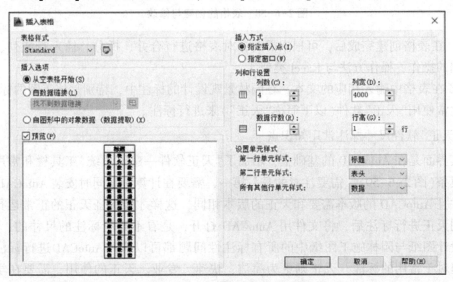

图 2-6-57　"插入表格"对话框

在此对话框中，按要求对表格的样式、插入选项、插入方式、列和行、单元样式进行设置。

• 插入表格，调整整个表格大小和列宽，在表格中输入相应的内容。单击右键，可对表格执行图2-6-58中的各项操作。在【特性】对话框中，可对单元格透明度、单元格特性、内容特性进行调整与修改。

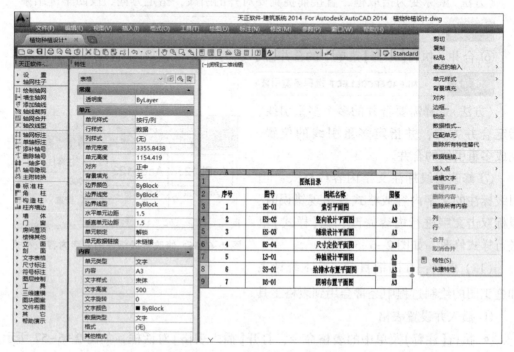

图2-6-58 表格的创建与修改

• 在表格创建完成后，可根据需要，对表格进行合并、拆分、插入行或列、删除行或列的操作，操作方法与Excel类似。

②在表格中输入相应的文本 在园林景观设计的标注中，特别是施工图的标注中，我们通常使用"天正"软件（以下简称"天正"）来进行标注。

"天正"软件尺寸标注常用知识点

其界面是在AutoCAD的基础上，增加了"天正软件—建筑系统"工具栏和常用的悬浮工具条（图2-6-59）。需要注意的是，第一，需要在计算机上同时安装AutoCAD和天正，并且AutoCAD的版本需要和天正的版本相同，这样才能保证天正的正常运行；第二，用天正进行标注后，将文件用AutoCAD打开，是看不到所标注的尺寸的；第三，园林设计图纸与园林施工图纸中的所有标注性问题都可以应用AutoCAD进行标注或绘制，但对于常用的标注，天正则更为简洁、快速、专业。天正的使用，需要在学会使用AutoCAD尺寸标注工具以及园林制图中尺寸标注的原则、方法与规则的基础之上，

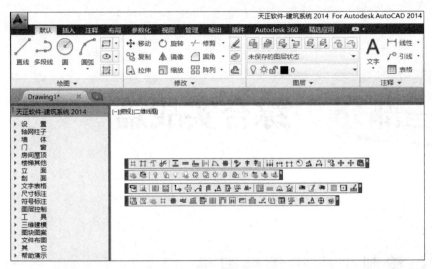

图 2-6-59　天正界面

才能够灵活运用并对施工图进行正确标注。

"天正软件—建筑系统"工具栏中,几乎包含了所有园林工程图纸中的标注符号与形式,在各个子工具条中,可根据需要选择具体的标注命令。如图 2-6-60 所示。

天正中基本包括了 AutoCAD 中的所有标注工具,其标注工具的使用方法、参数设置方法与 AutoCAD 较为相似。另外,天正中有许多施工图中专用符号与标注形式,更为方便和专业,可根据实际需要进行命令调用与参数设定。

图 2-6-60　设置下拉菜单

### 课后训练

完成小庭院施工图尺寸标注。图纸及标注结果参考详见数字资源。

# 第三部分　综合实战篇

## 一、绘制小庭院景观图纸

**学习目标**

- ❖ 熟练掌握小庭院 AutoCAD 2019 平面图的绘制方法。
- ❖ 熟练掌握小庭院 Photoshop CC 2018 彩色平面图的绘制方法。
- ❖ 熟练掌握小庭院效果图 SketchUp 2018 模型制作和 Photoshop CC 2018 后期处理的方法。
- ❖ 了解小庭院 AutoCAD 2019 施工图的绘制要求。
- ❖ 熟练掌握乡村公共绿地 AutoCAD 2019 平面图的绘制方法。
- ❖ 熟练掌握乡村公共绿地 Photoshop CC 2018 彩色平面图的绘制方法。
- ❖ 熟练掌握乡村公共绿地效果图 SketchUp 2018 模型制作和 Photoshop CC 2018 后期处理的方法。
- ❖ 熟练掌握乡村公共绿地图纸 PhotoshopCC 2018 排版制作的方法。

图 3-1-1 为某私家小庭院，庭院为长方形，长 6m，宽 5m，面积 30m²。庭院以现代风格的设计手法，简洁明快的线条，力求打造一个自然和谐、静谧优雅、富有文化内涵的环境。在庭院内设有园路、木平台、步石、水池、景墙、种植池等景观形式。景墙采用青砖砌筑并结合防腐木镂空设计，古朴又富有文化气息。院内种植李子、京桃、黄杨、水蜡等植物，各种园林要素合理布局，营造出温馨舒适的园林景观。

**1. 小庭院 CAD 平面图的绘制**

（1）绘制小庭院的边界

① 动态输入快捷键 F7，关闭栅格。单击【图层】面板上的 【图层特性】按钮，或

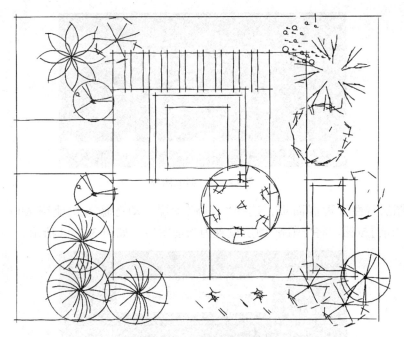

图 3-1-1 小庭院线稿图

者动态输入快捷键 LA，打开"图层特性管理器"窗口。单击鼠标右键选择【新建图层】，如图 3-1-2 所示。

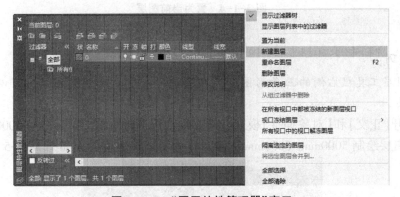

图 3-1-2 "图层特性管理器"窗口

小技巧：

在图层特性管理器面板，鼠标左键单击图层名称位置，按下回车键，可以新建图层。

② 新建名为"道路""水体""木平台""小品""铺装填充""绿地"和"文字"7个图层，如图3-1-3所示。

图 3-1-3　新建图层

③ 在图层特性管理器面板，选择"道路"图层。动态输入快捷键 Alt+C，或按下【置为当前】按钮，将"道路"图层设置为当前图层，如图 3-1-4 所示。

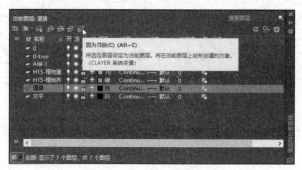

图 3-1-4　置为当前图层

**小技巧：**

单击图层工具栏右侧的三角形图标，在下拉列表中点选任意图层，可以将其切换为当前图层。

④ 打开【正交】和【对象捕捉】模式，动态输入快捷键 REC 和尺寸"@5000,6000"，在"道路"图层绘制 5000mm×6000mm 的矩形作为小庭院的边界，如图 3-1-5 所示。

图 3-1-5　绘制小庭院边界

**小技巧：**

对象捕捉的设置：快捷键 DS，打开【对象捕捉设置】界面，点选全部选择，勾选所有选项。

（2）绘制小庭院入口小路

① 选择边界矩形，动态输入快捷键 EXP，将矩形炸开，如图 3-1-6 所示。

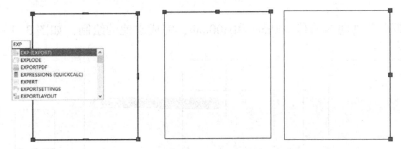

图 3-1-6 炸开矩形

② 动态输入快捷键 O，选择左侧边界线分别向右偏移 1200mm、1700mm、2500mm 和 2700mm。将下边界线分别向上偏移 1600mm 和 2200mm，如图 3-1-7 所示。

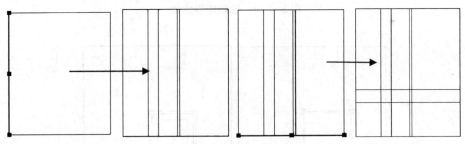

图 3-1-7 偏移边界线

③ 动态输入快捷键 TR，框选要修剪的范围，单击鼠标左键，修剪掉多余的线条，完成小庭院入口小路的绘制，如图 3-1-8 所示。

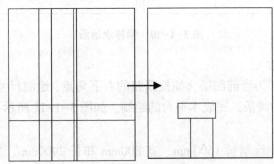

图 3-1-8 修剪线条

小技巧：

动态输入快捷键 TR+空格+空格，鼠标点选想要去掉的线条，进行修剪。

（3）绘制中心水池

① 设置水体图层为当前图层，动态输入快捷键 REC。捕捉园路的一个角点，动态输入"@1600，1600"，绘制尺寸为 1600mm×1600mm 的矩形，如图 3-1-9 所示。

② 将矩形分别向内偏移 100mm 和 300mm，完成水池的绘制，如图 3-1-10 所示。

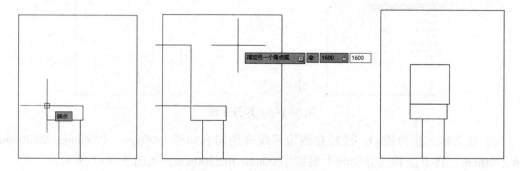

图 3-1-9　绘制矩形水池

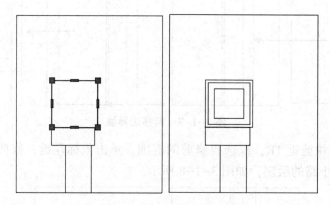

图 3-1-10　偏移水池沿

（4）绘制木平台

设置"木平台"图层为当前图层，捕捉园路的右下角点，绘制尺寸为 1600mm×1600mm 的矩形。修剪掉多余的线条，完成木平台的绘制，如图 3-1-11 所示。

（5）绘制园路

沿着木平台，向上绘制长 1600mm、宽 800mm 和长 2900mm、宽 600mm 两条园路，如图 3-1-12 所示。

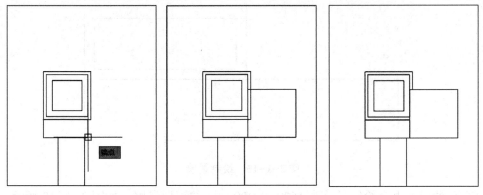

图 3-1-11 绘制木平台

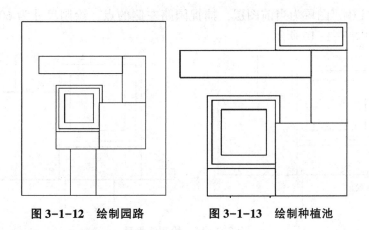

图 3-1-12 绘制园路　　　图 3-1-13 绘制种植池

(6) 绘制种植池和景墙

① 设置"小品"图层为当前图层，在庭院右上角位置，绘制长 1600mm、宽 600mm 的矩形，向内偏移 100mm 作为种植池沿，如图 3-1-13 所示。

② 动态输入快捷键 L，绘制两条直线。修剪多余的线条，完成种植池的绘制，如图 3-1-14 所示。

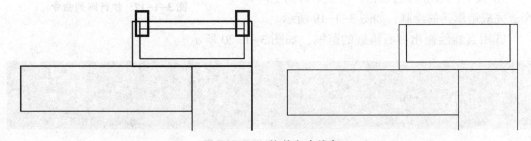

图 3-1-14 修剪多余线条

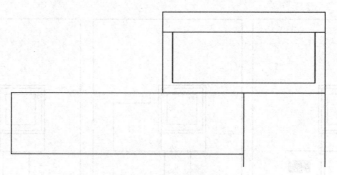

图 3-1-15　绘制景墙

③ 在种植池上方绘制尺寸为 1600mm×200mm 的矩形景墙，如图 3-1-15 所示。

（7）绘制步石小路

① 设置"道路"图层为当前图层，捕捉园路左侧的点，绘制尺寸为 600mm×200mm 的矩形砖，如图 3-1-16 所示。

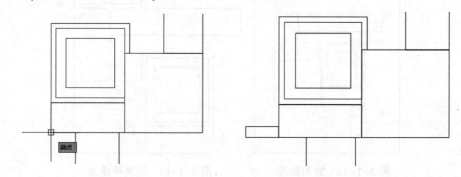

图 3-1-16　绘制矩形砖

② 选择矩形砖，按下"修改"工具栏上的"阵列"命令，如图 3-1-17 所示。

③ 设置阵列的参数。列数为 1，行数为 9，行间距为 300mm，如图 3-1-18 所示。

④ 按下【关闭阵列】按钮，将矩形砖向上阵列 8 个，完成矩形砖的绘制，如图 3-1-19 所示。

⑤用直线绘制出卵石镶嵌的范围，如图 3-1-20 所示。

图 3-1-17　执行阵列命令

图 3-1-18　设置阵列参数

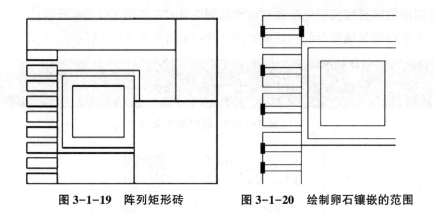

图 3-1-19　阵列矩形砖　　　图 3-1-20　绘制卵石镶嵌的范围

（8）材质的填充

① 设置"填充"图层为当前图层，动态输入快捷键 H，选择园路铺装的范围。两种参数设置如图 3-1-21 所示。图案【AR-B816】，填充图案比例 0.8；图案【GRATE】，填充图案比例 90。按下【关闭图案填充编辑器】按钮，完成园路图案填充，如图 3-1-22 所示。

图 3-1-21　图案填充比例

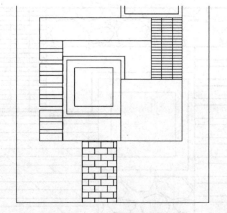

图 3-1-22　园路图案填充

② 园路的碎拼铺装填充参数和效果如图 3-1-23 和图 3-1-24 所示。

③ 木平台铺装填充参数和效果如图 3-1-25 和图 3-1-26 所示。

图 3-1-23　图案填充比例

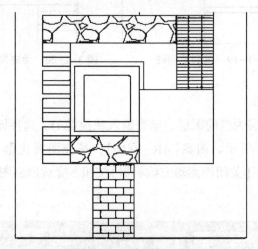

图 3-1-24　碎拼铺装的填充

图 3-1-25　图案填充比例

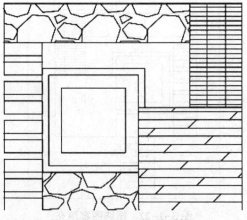

图 3-1-26　木平台铺装填充

④ 水体的填充参数和效果如图 3-1-27 和图 3-1-28 所示。
⑤ 步石的填充参数和效果如图 3-1-29 和图 3-1-30 所示。

图 3-1-27　图案填充比例

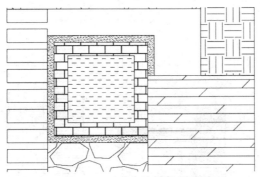

图 3-1-28　水体铺装填充

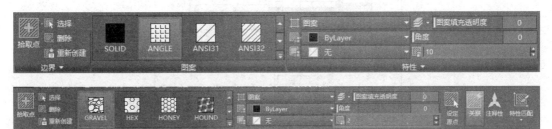

图 3-1-29　图案填充比例

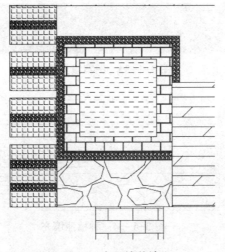

图 3-1-30　步石铺装填充

⑥ 草地的填充参数和效果如图 3-1-31 和图 3-1-32 所示。
⑦ 种植池的填充参数和效果如图 3-1-33 和图 3-1-34 所示。

图 3-1-31　图案填充比例

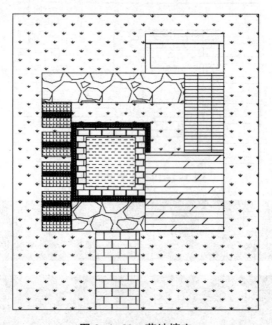

图 3-1-32　草地填充

图 3-1-33　图案填充比例

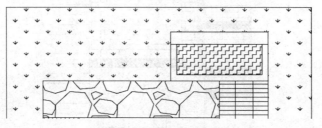

图 3-1-34　种植池填充

(9) 植物的添加

① 设置"绿化"图层为当前图层，打开"植物图例"素材文件，选择一个植物图例，将图例复制(快捷键 Ctrl+C)粘贴(快捷键 Ctrl+V)到中心水池右侧。按下缩放工具快捷键 SC，调整图例的大小，如图 3-1-35 所示。

② 完成其他植物图例的种植，并调整好大小，如图 3-1-36 所示。

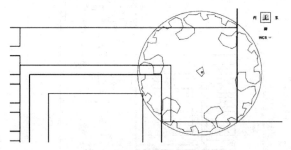

图 3-1-35　植物素材的添加

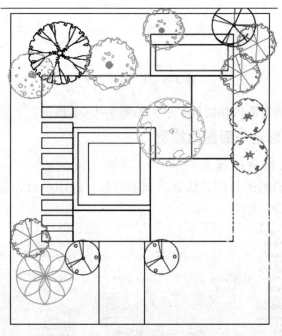

图 3-1-36　绘制完成的图纸

(10) 文字的添加

① 设置"文字"图层为当前图层，动态输入快捷键 T。在草地种植区的任意位置拖拽一个文字选框，在选框中输入"草地"，框选这两个文字，字号大小为 100，然后关闭文字编辑器，如图 3-1-37 所示。

图 3-1-37　设置文字参数

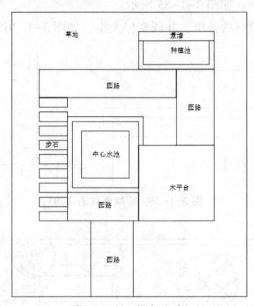

图 3-1-38　添加文字

② 在园区其他位置输入相应的文字，如图 3-1-38 所示。

### 2. 小庭院 PS 彩色平面图的绘制

（1）园路铺装材质的填充

① 参照【园林花箱】的打印方法进行虚拟打印，打印参数设置如图 3-1-39 所示，打印出整张图纸的 EPS 文件。

图 3-1-39　打印参数设置界面

② 打开【图层特性管理器】，关闭植物乔、植物灌、铺装填充和文字 4 个图层。打印出"线稿.eps 文件"，如图 3-1-40 所示。

③ 用 PS 软件打开两个文件，设置的参数如图 3-1-41 所示，按下【确定】按钮。

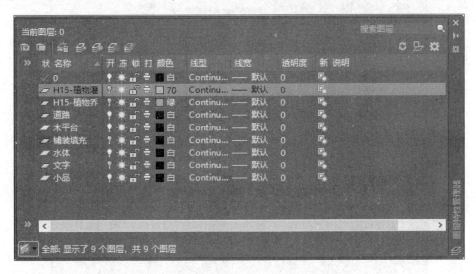

图 3-1-40　关闭图层

④ 选择【窗口】/【排列】/【平铺】，将窗口的排列方式调整为平铺状态，这样可以同时显示出两个文件窗口，如图 3-1-42 所示。

⑤ 按住 Shift 键不放，用鼠标左键拖拽线稿到整张图纸，将两张图纸合并。关闭线稿窗口。

⑥ 按下快捷键 F7，打开图层面板。鼠标左键双击图层名位置，修改"图层 1"为"整张图纸"，修改"图层 2"为"线稿"，如图 3-1-43 所示。

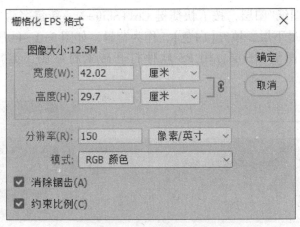

图 3-1-41　打开文件

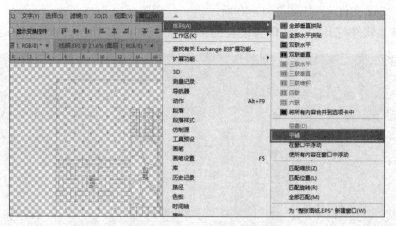

图 3-1-42 平铺文件窗口

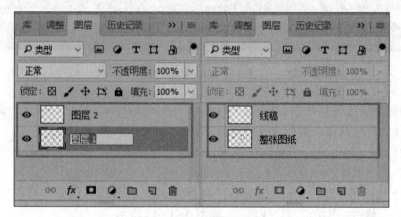

图 3-1-43 修改图层名

⑦ 关闭"整张图纸"图层，按下快捷键 Ctrl+Shift+N，新建名为"背景"的图层。将"背景"图层拖拽到最下层，填充【白色】，作为背景，如图 3-1-44 所示。

⑧ 关闭"整张图纸"图层，用 PS 软件打开砖素材贴图，编辑定义图案，如图 3-1-45所示。

图 3-1-44 新建白色背景图层

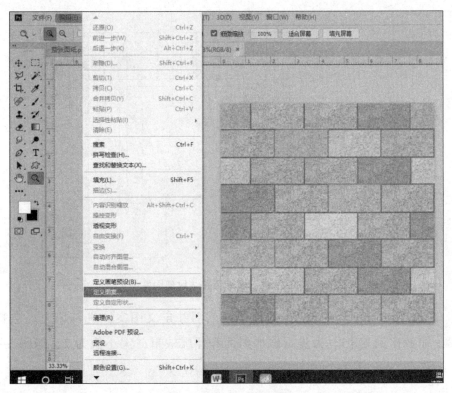

图 3-1-45 定义砖贴图

⑨ 新建名为"园路1"的图层，按下快捷键 Shift+W，使用"魔棒"工具选择入口处园路的范围。双击图层右侧空白位置，勾选【图案叠加】，选择定义好的砖图案，缩放比例为23，如图 3-1-46 所示。

⑩ 新建名为"园路2"的图层，选择园路范围并定义图案，进行填充。图案缩放比例为120，如图 3-1-47 所示。

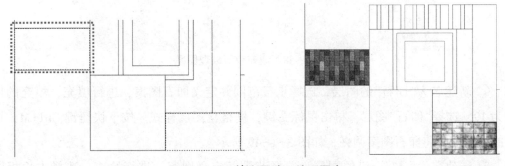

图 3-1-46 填充园路 1 纹理图案

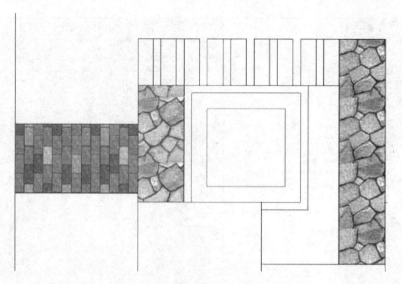

图 3-1-47　填充园路 2 纹理图案

⑪ 新建名为"步石"的图层，选择步石范围并定义图案，进行填充。选择花岗岩图案，缩放比例为 15。为步石添加斜面和浮雕效果，大小值为 7，如图 3-1-48 所示。

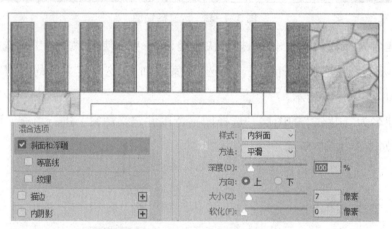

图 3-1-48　填充步石纹理图案

⑫ 新建名为"卵石"的图层，选择步石范围并定义卵石图案，进行填充，填充的比例为 19。选择"卵石"图层，单击鼠标右键，栅格化图层样式。按下快捷键 Ctrl+M，执行曲线命令，将卵石图案调亮，如图 3-1-49 所示。

⑬ 新建名为"木平台"的图层，选择范围并定义图案，进行填充。选择木地板图案，缩放比例为 110，如图 3-1-50 所示。

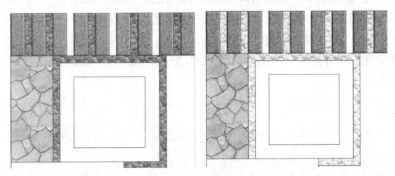

图 3-1-49 填充卵石铺装并调亮

（2）园林小品的制作

① 新建名为"水池沿"的图层，选择水池沿的范围并定义图案，缩放比例为 75，进行填充，如图 3-1-51 所示。

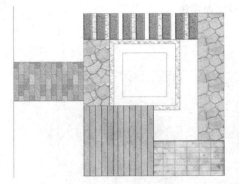

图 3-1-50 填充木平台铺装

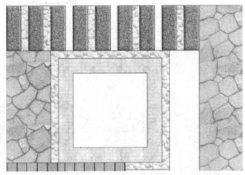

图 3-1-51 填充水池沿铺装

② 打开"水面"素材，拖动到图面上，缩放、调整比例，摆放好位置，修改图层名为"水面"。使用魔棒工具选择水面的范围，选中水面图层，按下图层面板下的【添加图层蒙版】按钮，去掉水面多余的部分，如图 3-1-52 所示。

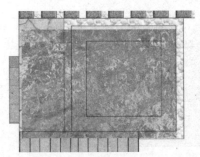  

图 3-1-52 水面的制作

③ 按下快捷键 Ctrl+B，拖动滑块调整水面颜色，参数如图 3-1-53 所示。
④ 按下快捷键 Ctrl+U，降低水面颜色的饱和度，参数如图 3-1-54 所示。
⑤ 为"水池沿"图层增加浮雕效果，深度 53%，大小 16 像素，如图 3-1-55 所示。
⑥ 新建名为"种植池沿"的图层，定义图案并填充，图案缩放比例为 57，效果如图 3-1-56 所示。

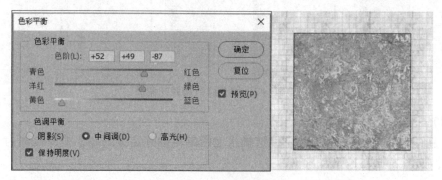

图 3-1-53　调整水面颜色

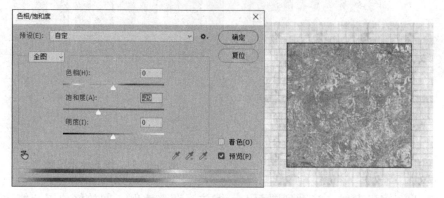

图 3-1-54　降低水面饱和度

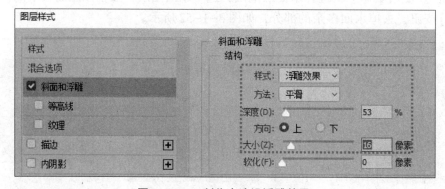

图 3-1-55　制作水池沿浮雕效果

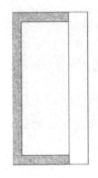

图 3-1-56　填充种植池沿材质

⑦ 为"种植池沿"添加斜面和浮雕效果，大小为 3，制作出种植池沿的厚度，如图 3-1-57 所示。

⑧ 新建名为"景墙"的图层，定义图案并填充，图案缩放比例为 57，效果如图 3-1-58 所示，同样为其添加浮雕效果。

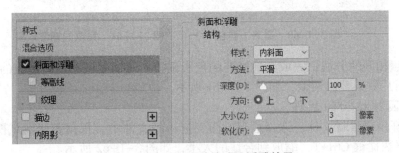

图 3-1-57　制作种植池沿浮雕效果

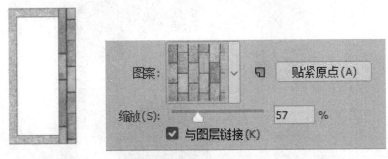

图 3-1-58　制作景墙材质

（3）铺装颜色的调整

① 选择"道路 1"图层，单击鼠标右键栅格化图层，按下快捷键 Ctrl+M 曲线工具调亮。按下快捷键 Ctrl+U，降低路面的饱和度，增加灰度，如图 3-1-59 所示。

② 按下快捷键 Ctrl+B，向左调动"黄色""洋红"滑块，为路面增加暖色调，参数如图 3-1-60 所示。

图 3-1-59　道路 1 调亮并增加灰度

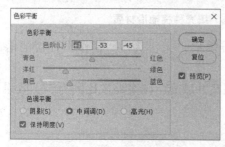

图 3-1-60　道路 1 调色

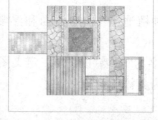

图 3-1-61　完成的铺装效果

③ 按照相同的方法，完成其他铺装的色彩调整。对铺装色彩进行适当的加深减淡，需要根据图片效果多次调整，如图 3-1-61 所示。

（4）园林植物的制作

① 打开植物素材文件，选择适当的图例拖动到文件中，根据整张图纸图层的位置摆放。按下快捷键 Ctrl+T，缩放到合适的大小，如图 3-1-62 所示。

图 3-1-62　植物种植效果

② 按下快捷键 O，在每棵树木的受光面点击鼠标左键，将颜色减淡，制作光面效果。相反，使用快捷键 Shift+O 加深工具，制作树的背光面。

③ 双击每棵树木图层的右侧，勾选"投影"。乔木投影参数如图 3-1-63 所示，灌木应适当增加投影的不透明度值。

④ 降低每棵树的不透明度，透明度大小值根据图面效果调整。

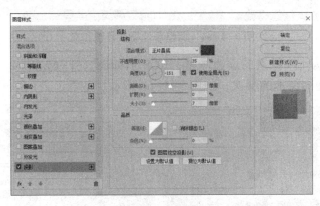

图 3-1-63　树木增加投影

（5）草地的制作

① 打开草地素材，拖动到图中，命名为"草地"。添加图层蒙版，去掉草地多余的部分，如图 3-1-64 所示。

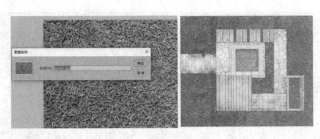

图 3-1-64　添加草地素材

② 选择"草地"图层，单击鼠标右键选择【栅格化图层样式】，将其变为普通图层。使用快捷键 Ctrl+B 色彩平衡，将草地调整为黄绿色，如图 3-1-65 所示。

③ 使用【曲线工具】，调整草地的亮度，降低草地的饱和度，增加灰度，如图 3-1-66 所示。

图 3-1-65　调整草地颜色

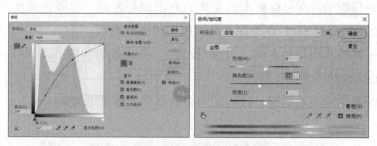

图 3-1-66　调整草地亮度和饱和度

④ 选择大小为 174 像素的虚边画笔，RGB 值如图 3-1-67 所示。在草地虚线位置绘制加深部分，增加树木的层次，如图 3-1-68 所示。

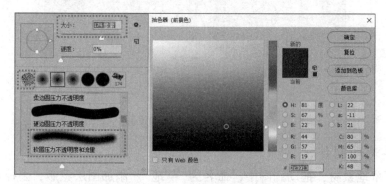

图 3-1-67　选择绿色虚边画笔

图 3-1-68　绘制树木暗部

⑤ 将花素材拖到种植池中，调整好大小。图层类型设置为强光，不透明度为39%，如图3-1-69所示。

图 3-1-69　制作花

⑥ 新建名为"白雾"的图层，图层不透明度为49%。在图面的受光面用虚边画笔刷出白雾效果，将"草地"图层的不透明度降低到89%，如图3-1-70所示。

图 3-1-70　完成的图纸

（6）出图

选择【文件】/【另存为】，保存为"小庭院彩平图.jpeg"。

### 3. 小庭院效果图的绘制

（1）图纸的导入

① 新建空白 CAD 文件，命名为"导图"。打开小庭院 CAD 文件，关闭植物、文字和铺装图层。框选所有的线稿，按下快捷键 Ctrl+C 复制、Ctrl+V 粘贴到"导图"文件中，如图 3-1-71 所示。

② Ctrl+S 保存导图文件，修改文件类型为 2004 版本。

③ 打开 SketchUp 2018 软件，执行【文件】/【导图】，选择"导图"文件。单击【选项】按钮，打开选项设置界面，将单位修改为"毫米"，如图 3-1-72 所示，导入线稿。

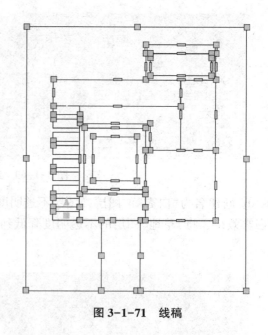

图 3-1-71　线稿

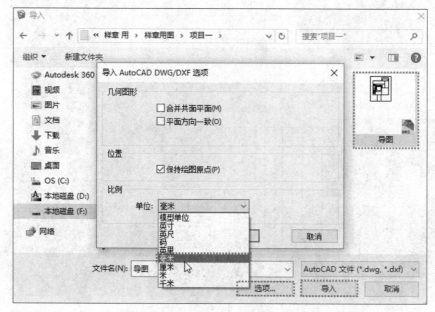

图 3-1-72　选项设置界面

（2）铺装的制作

① 按下快捷键 L，执行直线命令，进行描线，描线的位置如图 3-1-73 虚线处所示，然后进行"封面"。

② 按下空格键，执行选择命令。双击鼠标左键选中入口处的路面，然后单击鼠标右键选择【创建群组】，如图 3-1-74 所示。

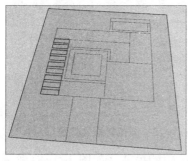

图 3-1-73　描线的位置　　　　图 3-1-74　入口路面创建群组

③ 按下快捷键 B，打开材质编辑器，选择【砖、覆层和壁板】中的【多色石块】赋予模型，如图 3-1-75 所示。在【材料】编辑面板中将材质纹理的长度调为 500mm，如图 3-1-76 所示。

④ 选择碎片铺装的园路，打开材质编辑器，点击【创建材质】按钮，新建一个材质界面。再点击【浏览材质文件】按钮，打开浏览材质文件窗口，按照路径选择外部碎拼贴图，如图 3-1-77 和图 3-1-78 所示，贴图纹理的尺寸为 1200mm×524mm。

⑤ 选择右上角的园路，创建新材质，选择石材贴图赋予园路。在园路上单击鼠标右键，选择【纹理】/【位置】，显示出 4 个图钉，如图 3-1-79 和图 3-1-80 所示。

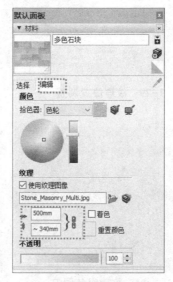

图 3-1-75　材质选择面板　　　　图 3-1-76　材质编辑面板

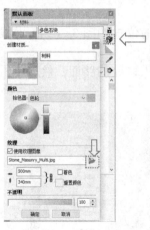

图 3-1-77 新建材质面板

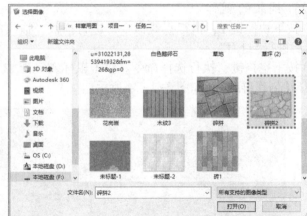

图 3-1-78 浏览材质文件窗口

⑥ 沿着箭头的方向，拖动绿色图钉，缩放纹理的尺寸，如图 3-1-81 所示。

⑦ 加选卵石铺装的位置，创建群组，选择白色卵石贴图赋予园路。点击"锁定图像宽高比"的锁链图标，解除锁定，将贴图纹理尺寸调整为 200mm×200mm，如图 3-1-82 和图 3-1-83 所示。

图 3-1-79 纹理位置调整

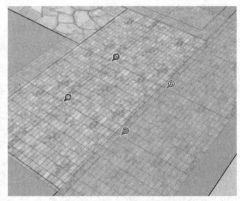

图 3-1-80 纹理调整图钉

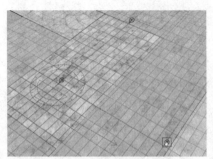

图 3-1-81 拖动绿色图钉

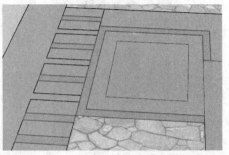

图 3-1-82 卵石铺装的范围

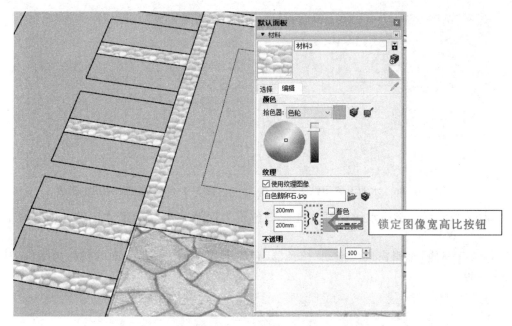

图 3-1-83 图像宽高比的调整

(3) 木平台的制作

① 选择木平台，赋予木地板纹理贴图，贴图纹理尺寸为 1000mm×744mm，创建成组。双击进入组内，推拉 150mm 的高度，如图 3-1-84 所示。

② 选择侧面的木纹贴图，沿红色弧线方向拖动绿色的按钮，将纹理贴图旋转为水平方向，如图 3-1-85 所示。

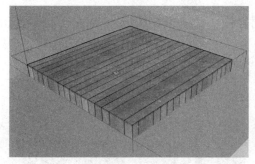

图 3-1-84 推拉木平台的高度

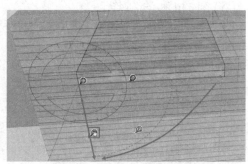

图 3-1-85 旋转纹理贴图

(4) 水体的制作

① 选择水池沿，赋予石材贴图，贴图纹理尺寸为 300mm×223mm，创建群组，如图 3-1-86 所示。

② 进入组内，推拉水池沿的高度为 100mm，如图 3-1-87 所示。

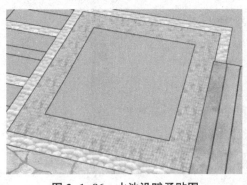

图 3-1-86　水池沿赋予贴图　　　　图 3-1-87　推拉水池沿的高度

③ 选择水面，赋予水纹贴图，在纹理位置界面调整水纹的尺寸比例，创建群组，如图 3-1-88 所示。

④ 在【材质】编辑窗口，拖动"拾色器"色轮上的方块，调整水面的颜色为绿色，如图3-1-89所示。

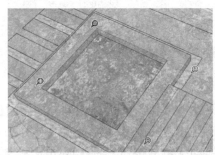
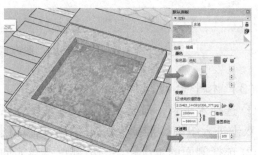

图 3-1-88　赋予水纹贴图　　　　图 3-1-89　调整水面颜色

（5）种植池的制作

① 选择种植池沿，赋予卡其色拉绒石材贴图，尺寸为 610mm×610mm，创建群组，如图 3-1-90 所示。

② 进入组内，推拉种植池沿的高度为 100mm，如图 3-1-91 所示。

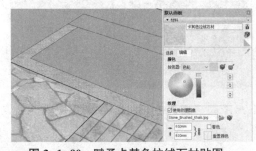
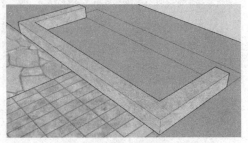

图 3-1-90　赋予卡其色拉绒石材贴图　　　　图 3-1-91　拉高种植池

（6）景墙的制作

① 选择景墙，赋予砖贴图，贴图尺寸为 1000mm×513mm，创建群组。进入组内，推拉高度为 1000mm，如图 3-1-92 所示。

② 按下快捷键 F，选择墙面边线上任意一点，向内偏移 200mm，如图 3-1-93 所示。

③ 按下快捷键 P，将墙面向内推拉，到出现"在平面上"4 个字时，点击鼠标左键，推出墙洞。删除多余的线条，如图 3-1-94 和图 3-1-95 所示。

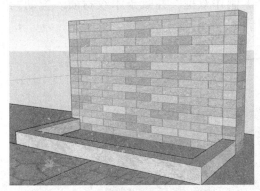

图 3-1-92　赋予景墙贴图并拉高

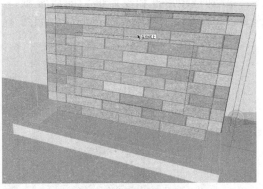

图 3-1-93　墙面向内偏移

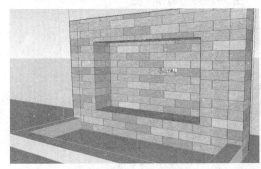

图 3-1-94　推拉墙面

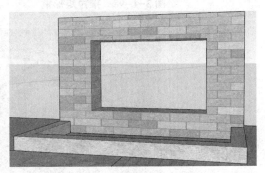

图 3-1-95　推出墙洞

④ 按下快捷键 R，捕捉墙洞的两个对角点，绘制矩形，如图 3-1-96 所示。双击矩形创建群组，进入组内，将矩形向内偏移 30mm，如图 3-1-97 所示。

⑤ 按下快捷键 R，捕捉墙洞的两个对角点，绘制矩形。双击矩形创建群组，进入组内，将矩形向后偏移 30mm。

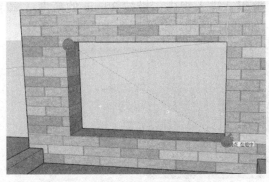

图 3-1-96　捕捉两个角点

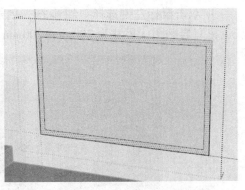

图 3-1-97　矩形向内偏移

⑥ 按下快捷键 L，在矩形框内捕捉矩形框各边中点，绘制菱形面。双击菱形面，创建群组，进入组内，向内偏移 30mm，向后推拉 30mm 的厚度。删掉中间的菱形面，完成菱形框的制作，如图 3-1-98 和图 3-1-99 所示。

⑦ 加选矩形框和菱形框，向后复制一个，制作双框，并赋予木纹材质。拖动"拾色器"上的方块，将木纹颜色调淡，如图 3-1-100 所示。

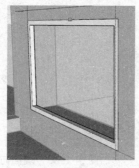 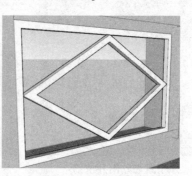

图 3-1-98　推拉矩形框　　　图 3-1-99　制作木框

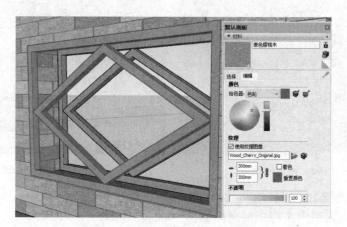

图 3-1-100　木框贴材质和调色

(7) 步石的制作

① 双击鼠标左键选择一块步石，创建群组。进入组内，推拉 30mm 的高度。赋予灰色花岗岩贴图，尺寸为 200mm×200mm，如图 3-1-101 和图 3-1-102 所示。

 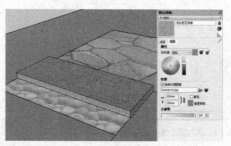

图 3-1-101　创建步石群组　　　图 3-1-102　拉高步石并赋予材质

图 3-1-103 移动并复制步石

② 按下快捷键 Ctrl，移动并复制步石，如图 3-1-103 所示。

（8）草地的制作

在后期制作草地需要在 Photoshop 软件中完成，在制作模型时只需填充绿色。

（9）导出图片

① 执行【窗口】/【默认面板】/【场景】选项，打开【场景】面板。按下快捷键 Alt+鼠标中键，旋转模型到适合的角度，单击【添加场景】按钮，新增加【场景号 1】，锁定调整好的角度，如图 3-1-104 所示。

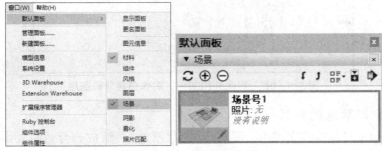

图 3-1-104 添加场景号 1

② 执行【文件】/【导出】/【二维图形】选项，保存文件为"出图.jpeg"。选项参数的设置如图 3-1-105 所示。

图 3-1-105 导图参数设置

(10) PS 打开和处理图纸

① 将"出图"文件拖拽到 PS 软件的快捷方式上打开，双击"背景"图层右侧的"锁定"标志，按下【确定】按钮，建立"图层 0"，如图 3-1-106 所示。

图 3-1-106　解锁背景图层

② 使用"魔棒"工具选择图外围的灰色，将其删除。新建背景图层，填充为白色，将其拖动到最下层，如图 3-1-107 所示。

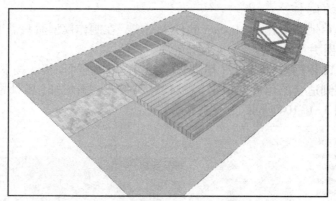

图 3-1-107　删除外围灰色，制作白色背景图层

(11) 后期草地的制作

① 将草地素材拖拽到文件中，图层命名为"草地"，缩放到合适的大小，注意草地纹理不宜过大。按住 Alt 键，移动复制草地素材，按照草坪的位置进行摆放。按下快捷键 Ctrl+E，合并全部草地图层，如图 3-1-108 所示。

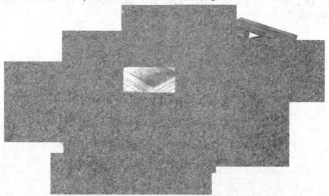

图 3-1-108　移动复制草地素材

② 按下快捷键 W，使用"魔棒"工具加选草地的范围，在合并后的"草地"图层上添加蒙版，去掉多余的草地，如图 3-1-109 所示。

③ 按下快捷键 Ctrl+B，调整草地的色彩；按下快捷键 Ctrl+M，调整草地的明暗，参数设置如图 3-1-110 和图 3-1-111 所示。

图 3-1-109　草地图层添加蒙版

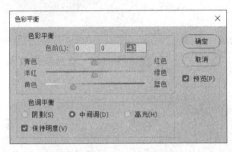

图 3-1-110　色彩平衡调整

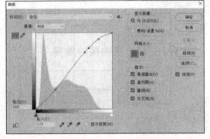

图 3-1-111　曲线调整

④ 选择【滤镜】/【模糊】/【动感模糊】选项，将"角度"调为 90°，模糊值 10 像素，修改草地纹理方向，如图 3-1-112 所示。

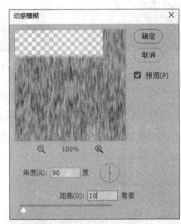

图 3-1-112　动感模糊参数

(12) 后期植物的添加

① 打开植物素材，选择球形"植物 14"，拖动到场景中，移动摆放到园区上方的转角处位置，缩放、调整好大小。

② 选择彩叶"植物 13"，缩放大小，按下快捷键 Ctrl+[ 下移图层，将"植物 13"移动摆放到"植物 14"的后面，如图 3-1-113 所示。

图 3-1-113　植物摆放效果

图 3-1-114　花丛制作效果

图 3-1-115　树木制作框景

③ 选择草本"植物 12",移动复制到种植池中,拼出花丛。随机调整几组植物的大小,做出错落生长的效果,如图 3-1-114 所示。

④ 选择小乔木"植物 16",摆放到景墙一侧。复制一棵树木,按下快捷键 **Ctrl+T**,单击鼠标右键选择【水平翻转】,将图层下移,摆放到景墙的后面,做出框景的效果,如图 3-1-115 所示。

图 3-1-116　植物摆放效果

⑤ 选择小乔木"植物 17",缩放大小后摆放到景墙另一侧,如图 3-1-116 所示。

⑥ 选择小乔木"植物 2",摆放到景墙右侧。使用"色彩平衡"调节树木的颜色并将其水平翻转,将光面朝向左侧,复制两棵树木摆放到图 3-1-117 所示的位置。

图 3-1-117　植物色彩调节和位置摆放

⑦ 按照图 3-1-118 所示的位置，完成剩余植物的添加。注意图层顺序，相邻的植物，远处的植物在下层，近处的植物在上层。

图 3-1-118　剩余植物的大小和摆放位置

（13）图面色彩的调整

① 选择"植物3"图层，根据光照的方向调出植物明暗面，使用减淡工具将亮面刷浅，使用加深工具将暗部调深。调整色彩平衡，增加植物的暖色调，效果如图3-1-119所示。

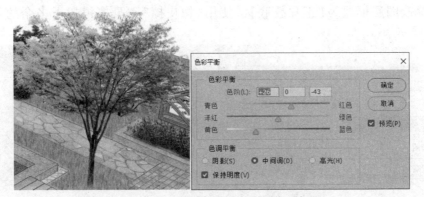

图 3-1-119　调整植物的明暗和冷暖色调

② 完成其他植物和铺装的明暗调整。

③ 完成草地的明暗调整，并增加暖色调，调整图层不透明度为90%。

（14）植物投影的制作

① 复制一个"植物3"图层，按下快捷键 Ctrl+T。左手按住 Ctrl 键不放，鼠标拖动图 3-1-120 所示的控制点，向右下方拖拽，按照透视关系调整其他控制点，调整好后按回车键确定。

图 3-1-120　拖拽调整控制点

② 按下快捷键 Ctrl+图层缩略图，选择投影的范围，填充浅灰色，如图3-1-121所示。

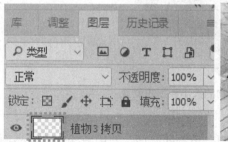

图 3-1-121　填充投影

③ 修改图层模式为【正片叠底】，使用"橡皮擦"工具擦掉树干多余的部分，如图 3-1-122所示。

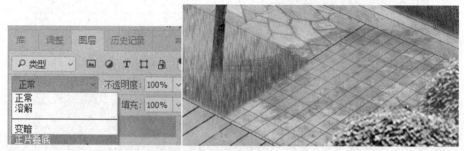

图 3-1-122　擦掉多余部分

④ 选择【滤镜】/【模糊】/【动态模糊】，距离值设置为12，如图3-1-123所示。
⑤ 按照投影的制作方法完成其他植物的投影。

图3-1-123　动态模糊

（15）整体色调的调整
① 新建图层，按下快捷键Ctrl+Shift+]，将图层置顶。
② 按下快捷键Ctrl+Shift+Alt+E，将整张图纸粘贴到图层上，盖印图层，如图3-1-124所示。
③ 按下快捷键Ctrl+M，添加曲线，调整参数，如图3-1-125所示。将"曲线"图层的不透明度调为30%，完成效果如图3-1-126所示。

图3-1-124　盖印图层

图3-1-125　添加曲线

图3-1-126　完成的效果图

### 4. 小庭院施工图的绘制

施工图是园林景观设计方案中重要的一部分，是景观设计方案展示设计细节、进行概预算和施工的重要依据。小庭院施工图图纸详见附录。

（1）封面

施工图封面需体现项目名称、设计单位、日期等基本信息。运用文字工具，合理布局。

（2）目录

目录包括序号、图号、图纸名称、图幅等内容。其中，图号包括环施（HS）、绿施（LS）、水施（SS）、照施（DD）等。运用表格工具进行绘制。

（3）尺寸定位平面图

① 根据设计样地面积及内容设定轴间距，绘制轴网。

② 绘制总平面图。

③ 对总平面图进行尺寸标注。

（4）索引平面图/总平面图

① 在尺寸定位平面图的基础上，隐藏轴网与尺寸标注。

② 利用索引或表格的形式，对总平面进行设计内容标记与说明。

（5）竖向设计平面图

① 在尺寸定位平面图的基础上，隐藏轴网与尺寸标注。

② 以相对高程的形式，先在图中确定 0 基面。

③ 用标高符号标明图中铺装、广场、道路、绿地、建筑、小品等位置的相对高程。

④ 标明道路、大面积铺装和广场的坡度。

（6）铺装设计平面图

① 在尺寸定位平面图的基础上，隐藏轴网与尺寸标注。

② 对铺装的部分进行图案填充。注意图案填充要统一在单独的一个图层上，线型为细线，颜色尽量接近铺装材料实际色彩，不同位置但铺装材料相同的要选择同一种填充图案。图案的比例合适，使画面看起来有美感。如果尺寸定位平面图中已对铺装图案进行详细填充，则省略此步骤。

③ 根据图纸的复杂程度，以引线、索引、图例表等形式标注铺装面层的材料及规格。

（7）种植设计平面图

① 在尺寸定位平面图的基础上，隐藏轴网与尺寸标注。

② 根据方案的复杂程序，选择保留或删除铺装设计的图案填充。

③ 对草坪、片植花卉、片植花灌木、绿篱等进行图案填充。

④ 进行乔木和大灌木的种植设计。可以用不同的图例块代表不同的植物，也可以用圆圈加编号的形式代表不同的植物。

⑤ 编制苗木统计表。

（8）给排水布置平面图
① 在尺寸定位平面图的基础上，隐藏轴网与尺寸标注。
② 标明引水与排水点位置、材料规格等。
③ 绘制排水主要材料表。
（9）照明布置平面图
① 在尺寸定位平面图的基础上，隐藏轴网与尺寸标注。
② 标明照明灯具(如草坪灯、庭院灯、投影灯、射灯等)的位置。
③ 标明接电源点。
④ 绘制灯具统计表。
（10）道路、小品及重要节点施工图
① 绘制道路、铺装施工图，包括平面与断面并进行标注。如果其平面材料及其布设比较简单，也可以只绘制断面，将平面材料的规格在断面图中进行标注即可。
② 绘制景墙、水池、种植池等园林小品施工图。包括平面图、立面图、断面图等，并对图纸进行标注。
（11）图纸布局与打印
在CAD中绘制图形时，通常以mm为单位，按1∶1的比例绘制。但打印时，要根据打印图纸幅面的大小设定合适的比例。
在CAD绘图窗口的底侧，有1个模型窗口和2个布局窗口。布局窗口是可以删除、添加和修改名称的，而模型窗口则不可以。CAD图纸的打印，可以直接在模型窗口中通过打印机打印到图纸上；也可以通过布局，设置成PDF文档，再进行打印。为了便于图纸的存储、阅读和打印，我们通常会选取后者。
① 开视口
• 切换到布局窗口。
• 在【输出】菜单下，找到"页面设置管理器"，如图3-1-127所示。单击【修改】按钮。
• 在"页面设置—布局1"对话框中，设定需要的打印机、图纸尺寸、打印范围、比例等，如图3-1-128所示。完成设定后，点击【确定】按钮并关闭"页面设置管理器"。
• 通过复制、粘贴，先把绘图所需要的图框放入到布局中。
• 通过快捷键MV，在图框要显示图形的位置用鼠标拖出一个或多个方形的显示框。操作完成后会通过视口看到模型空间的图形。如图3-1-129所示。
② 调比例
• 在视口内双击，激活视口。
• 调整比例
〈方法一〉滚动滑轮，调整比例。
〈方法二〉用光标在图面上指定显示区域对角点。
〈方法三〉在命令行输入S(比例)，然后输入比例，如20。
• 双击视口框外，退出视口。

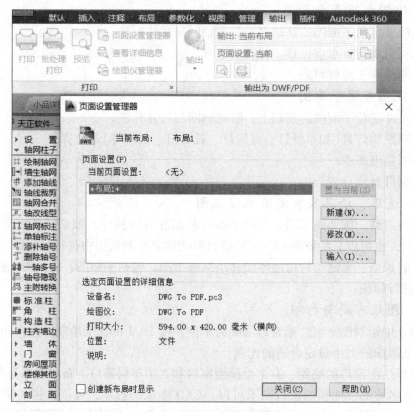

图 3-1-127 "页面设置管理器"对话框

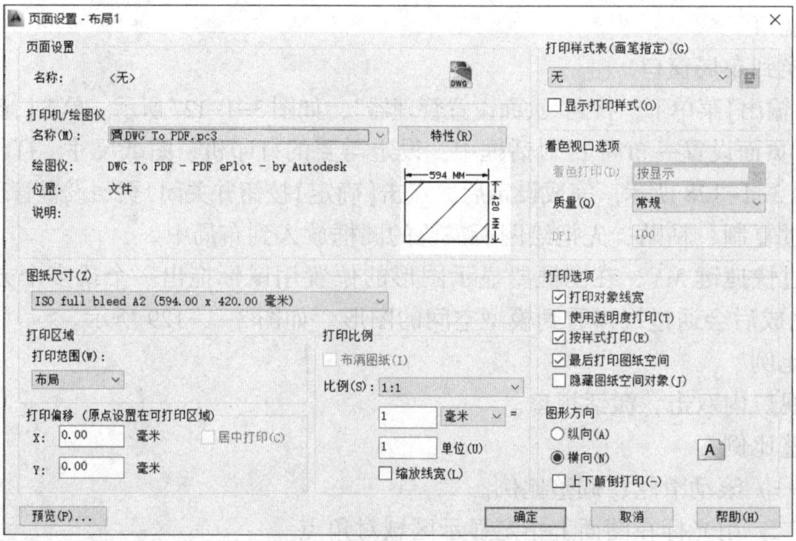

图 3-1-128 "页面设置—布局1"对话框

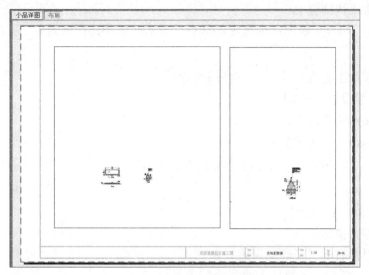

图 3-1-129　布局视口布置

③ 文件输出　将文件打印至指定的位置，生成 PDF 文件。

## 常用知识点梳理

### 1. AutoCAD 知识点

（1）图层特性管理器：显示图形中图层的列表及其特性，可以添加、删除和重命名图层等，还可以更改图层特性，如图 3-1-130 所示。

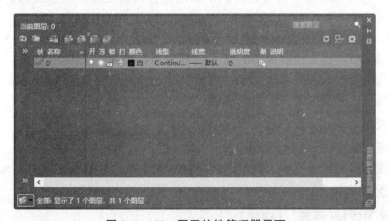

图 3-1-130　图层特性管理器界面

操作方法：

① 功能区按下【图层特性管理器】按钮 。

② 执行【格式】/【图层】。

③ 动态输入快捷键 LA。

(2) 缩放：相对于绘图区内指定的基点，放大或缩小选定的对象。

操作方法：

① 功能区按下修改工具栏上【缩放】按钮 ▣ 。
② 执行【修改】/【缩放】。
③ 动态输入快捷键 SC。

## 2. Photoshop CC 知识点

(1) 画笔：在绘图区绘制线条或图形的工具。

操作方法：

① 执行【窗口】/【画笔】。
② 动态输入快捷键 B。
③ 单击鼠标右键打开画笔设置界面。

(2) 缩放：图形、图像放大或缩小的工具。

操作方法：

① 执行【编辑】/【自由变换】。
② 输入快捷键 Ctrl+T。
③ 单击鼠标右键或按下快捷键 F5 打开画笔设置界面。

• 缩放：按住 Shift 键，斜拉角点可以按固定长宽比缩放。

• 斜切：按住 Ctrl+Shift 键，拖动四角上的手柄，将这个角点沿水平和垂直方向移动。将光标移到四边的中间手柄上，可将这个选区倾斜。

• 扭曲：按住 Ctrl 键，任意拉伸四个角点进行自由变形，但框线的区域不得为凹入形状。

• 透视：按住 Ctrl+Shift+Alt 键，拖动角点时框线会形成对称梯形。

(3) 图层蒙版：遮盖住图像中不需要的部分，控制图像的显示范围。将蒙版涂成白色，可以从蒙版中减去并显示图层；将蒙版涂成灰色，可以看到部分图层；将蒙版涂成黑色，可以向蒙版中添加并隐藏图层。

操作方法：

图层面板下单击【添加图层蒙板】按钮 ▣ 。

(4) 曲线：对图像进行光影调整、后期提亮、压暗和增加对比。

操作方法：

① 执行【图像】/【调整】/【曲线】。
② 输入快捷键 Ctrl+M。

(5) 色彩平衡：调节图像整体色彩效果。

操作方法：

① 执行【图像】/【调整】/【色彩平衡】；

② 输入快捷键 Ctrl+B。

（6）加深/减淡：对图像的颜色进行一些明暗深浅的对比度调整。

操作方法：

① 工具栏上按下【加深】 或【减淡】 按钮；

② 输入快捷键 O。

### 3. SketchUp 知识点

场景：记录调整好的场景视角。

操作方法：

执行【视图】/【菜单】/【动画】/【添加场景】，记录一个设置好的场景。点击场景号，可以更新或删除场景。

## 二、乡村公共绿地景观设计效果图

该项目位于东北某市南部，原基地主要种植向日葵作物。项目区内无工矿企业等污染，地势基本平整。项目用地为长方形，长 50m，宽 40m，面积约为 2000m$^2$。乡村公共绿地景观设计以自然式为主，线条流畅、富有乡村文化。内部设有园路、观景平台、广场、景观亭、景墙、主题雕塑等多种形式。景观设计以"向日葵"作为设计主体，借以向日葵四季生长的景象，将乡村的生产、生活融合展示。

### 1. 乡村公共绿地 CAD 平面图的绘制

（1）绘制边界线

① 插入图片　动态输入快捷键 F7，关闭栅格。单击【插入】菜单栏下拉的【光栅图像参照】，如图 3-2-1 所示。弹出对话框，选定图片后按下【打开】按钮，如图 3-2-2 所示。弹出"附着图片"的对话框，指定"插入点"即可，如图 3-2-3 所示。CAD 中显示图片插入完成，如图 3-2-4 所示。

图 3-2-1　插入图片

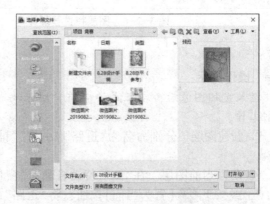

图 3-2-2　选定图片

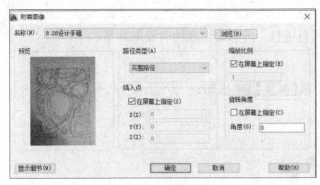

图 3-2-3　显示图像　　　　　　　　　图 3-2-4　显示图片

② 创建新图层　单击【图层】面板上的 【图层特性】按钮，如图 3-2-5 所示。

或者动态输入快捷键 LA，打开【图层特性管理器】，如图 3-2-6 所示。单击鼠标右键选择【新建图层】，如图 3-2-7 所示。

图 3-2-5　图层特性按钮

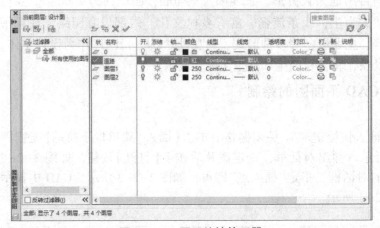

图 3-2-6　图层特性管理器　　　　　　　图 3-2-7　选择新建图层

**操作提示：**

插入光栅图像后，在正式绘制前，切记要新建图层，并准确地在新建图层上完成绘制工作。

③ 新建图层　分别命名为"道路""小品""铺装"以及"植物"4 个图层，如图 3-2-8 所示。

④ 设置当前图层　在"图层特性管理器"窗口，选择"道路"图层，动态输入快捷键 Alt+C，或按下 【置为当前】按钮，将"道路"图层设置为当前图层，图层名称前显示对号的即为当前图层，如图 3-2-9 所示。

图 3-2-8　新建图层并命名　　　　　　图 3-2-9　当前图层

**小技巧**：

单击图层工具栏右侧的三角形图标，在下拉列表中点选任意图层，可以将其切换为当前图层。

⑤ 绘制道路基准线　打开【对象捕捉】模式，动态输入快捷键 PL，按下回车键，在"道路"图层绘制圆弧线，作为公共绿地的道路基准线，如图 3-2-10 所示。

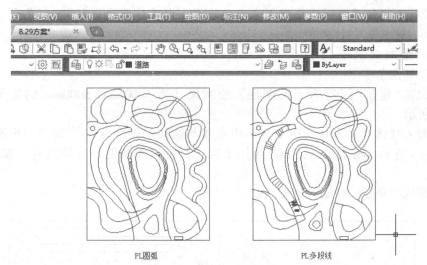

图 3-2-10　绘制方案

**操作提示**：

针对后期进入 SU 后，PL 圆弧会较难于封面的特殊性，因此，在这里又绘制了一个 PL 多段线的图形作为备份，为后期建模做准备。

（2）绘制铺装

道路铺装的绘制是基于道路基准线来完成的。在 CAD 中，将各铺装的边界划分清楚即可，边界内的具体铺装形式在 PS 彩色平面图中绘制，如图 3-2-11 所示。注意，在绘图中一定要打开【对象捕捉】，确保曲线闭合，细节如图 3-2-12 所示。

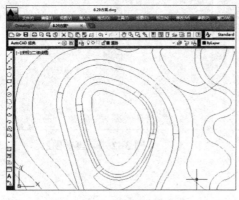
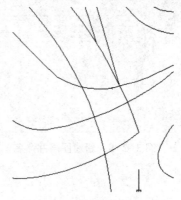

图 3-2-11　绘制道路曲线　　　　　图 3-2-12　曲线绘制细节

**小技巧：**

在绘制道路基准线的时候，我们可以重点区分一下道路与铺装交界的区域，这也是我们进行绘制和后期制作要重点考虑的地方。由于后期要进行 PS 彩色平面图的处理，因此，就不在 CAD 里赘述。

（3）绘制建筑小品

① 绘制四角亭

- 设置"建筑"图层为当前图层，绘制尺寸为 5000mm×5000mm 的矩形，如图 3-2-13 所示。
- 输入快捷键 L 和快捷键 O，运用直线与偏移绘图命令来绘制亭顶平面图，如图 3-2-14 所示。输入快捷键 H，运用填充工具，完成其他部分的绘制，如图 3-2-15 所示。
- 完成四角亭的绘制，如图 3-2-16 所示。

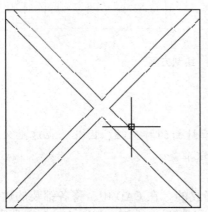
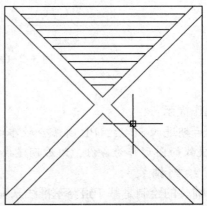

图 3-2-13　创建矩形　　　　　　　图 3-2-14　绘制矩形

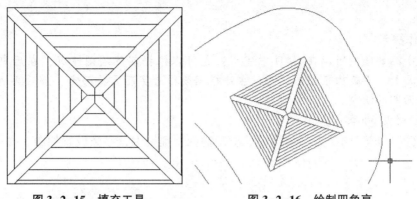

图 3-2-15 填充工具　　　　　图 3-2-16 绘制四角亭

② 绘制弧形花架　利用圆弧快捷键 ARC 和偏移快捷键 O，绘制花架顶部圆弧，偏移的尺寸分别为 2500mm 和 200mm，如图 3-2-17 所示。再运用阵列快捷键 AR，执行弧与阵列(路径)绘图命令来绘制弧形花架，如图 3-2-18 所示。路径阵列的蓝色箭头位置，可以调整数量变化，如图 3-2-19 所示。绘制完成弧形花架，如图 3-2-20 所示。

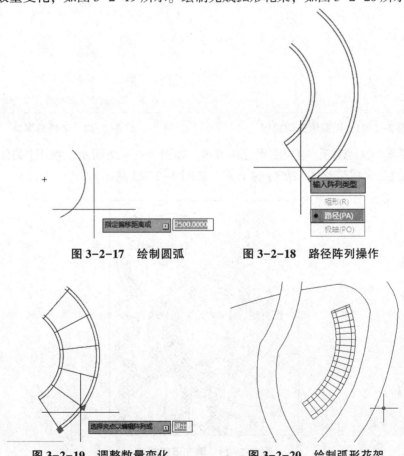

图 3-2-17 绘制圆弧　　　　　图 3-2-18 路径阵列操作

图 3-2-19 调整数量变化　　　　　图 3-2-20 绘制弧形花架

**操作提示：**

建筑小品的绘制可以在 CAD 中完成；也可以根据实际绘图情况，在后期的 SU 模型中完成添加，再输出顶视图。两种方法根据绘图者实际需要而定，最后再进入 PS 进行彩色平面图的绘制。

（4）材质的填充

① 设置"填充"图层为当前图层，动态输入快捷键 H，参数设置如图 3-2-21 所示。

图 3-2-21　图案填充编辑器

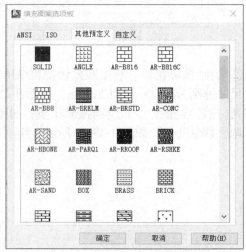

图 3-2-22　选择图案

选择图案"EARTH"，填充图案比例 0.8，如图 3-2-22 所示。按下【关闭图案填充编辑器】按钮，完成道路铺装部分的填充，如图 3-2-23 所示。

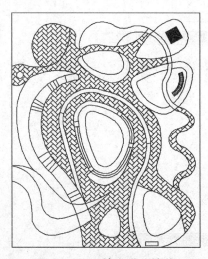

图 3-2-23　填充道路铺装

② 草地的填充　进入到图案编辑器中，选择适合草地的图案并调整比例，如图 3-2-24 所示。完成草地部分的填充，如图 3-2-25 所示。

图 3-2-24　图案编辑器

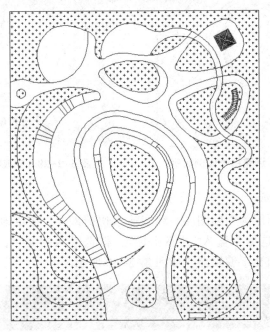

图 3-2-25　填充草地

（5）植物的添加

① 设置"绿化"图层为当前图层，打开"植物图例"素材文件，选择一个植物图例，如图 3-2-26 所示，按下快捷键 Ctrl+C 复制、Ctrl+V 粘贴，将图例复制粘贴到中心水池的右侧。按缩放工具快捷键 SC，调整图例的大小，确定单一的植物图例的比例大小，如图 3-2-27 所示。

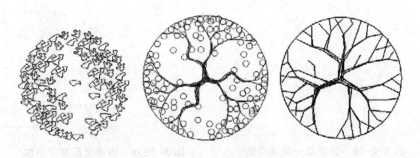

图 3-2-26　选择植物图例

② 完成其他植物的种植，并调整好大小，如图 3-2-28 所示。

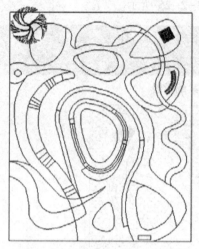
图 3-2-27 调整植物图例比例

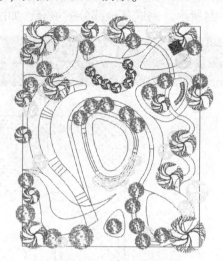
图 3-2-28 完成植物种植

（6）文字的添加

① 设置"文字"图层为当前图层，动态输入快捷键 T，在草地种植区的任意位置拖拽一个文字选框，在选框中输入"儿童山丘"，框选输入的文字，字号大小为 100，如图 3-2-29 所示。关闭文字编辑器，如图 3-2-30 所示。

图 3-2-29 文字编辑器

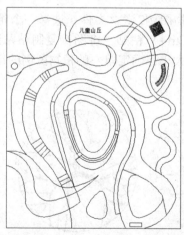
图 3-2-30 完成单一文字添加

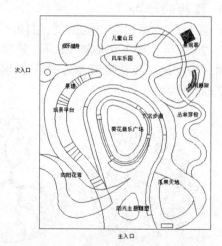
图 3-2-31 完成全部文字添加

② 在园区其他位置输入相应的文字，具体文字内容如图 3-2-31 所示。

## 2. 乡村公共绿地 PS 彩色平面图的绘制

（1）材质的填充

① 进行虚拟打印，打印参数设置如图 3-2-32 所示，打印出图纸的基准线和植物两个 EPS 文件。

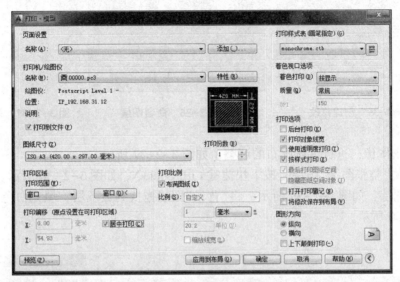

图 3-2-32　虚拟打印

② 打开【图层特性管理器】，关闭"植物乔""植物灌""铺装填充"和"文字"图层，逐一打印图层，如图 3-2-33 所示。

③ 用 PS 软件打开基准线和植物两个 EPS 文件，设置的参数如图 3-2-34 所示，按下【确定】按钮。

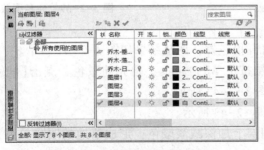

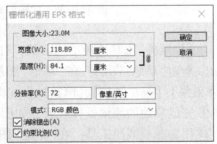

图 3-2-33　图层特性管理器　　　　　　图 3-2-34　设置参数

④ 按下快捷键 F7，打开图层面板。鼠标左键双击图层名位置，如图 3-2-35 所示。命名"图层 1"为整张图纸，命名"图层 2"为线稿，如图 3-2-36 所示。

图 3-2-35　创建修改

图 3-2-36　命名图层

图 3-2-37　调整画布

⑤ 点击图像，进行整体画布的调整，如图 3-2-37 所示。

⑥ 关闭"整张图纸"图层，按下快捷键 Ctrl+Shift+N，如图 3-2-38 所示。新建名为"背景"的图层，如图 3-2-39 所示。将"背景"图层拖拽到最下层，填充白色作为背景，如图 3-2-40 所示。

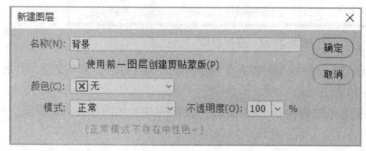
图 3-2-38　新建图层

图 3-2-39　命名图层

⑦ 用"魔棒"工具选择草地区域，打开拾色器，调整结果如图 3-2-41 所示。

⑧ 新建"草地"图层，在"草地"图层按下 Alt+Delete，填充前景色，点击【滤镜】/【艺术效果】/【胶片颗粒】，调整效果如图 3-2-42 所示。

⑨ 完成草地的滤镜处理效果，如图 3-2-43 所示。

⑩ 用加深、减淡工具，在"草地"图层上加深减淡颜色，形成草地的明暗关系，如图 3-2-44 所示。

⑪ 新建"道路"图层，用"魔棒"工具(快捷键 W)在"线稿"图层选择道路区域，如图 3-2-45 所示。

⑫ 打开调色板，调节颜色，选择不同的道路底色，如图 3-2-46 所示。

图 3-2-40 设置白色背景

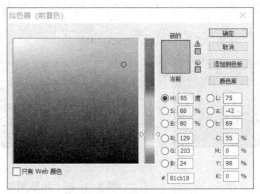
图 3-2-41 拾取草地颜色

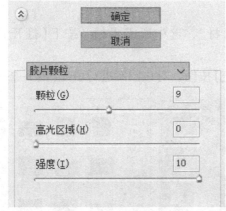
图 3-2-42 滤镜处理

图 3-2-43 草地效果制作

图 3-2-44 调整草地明暗效果

图 3-2-45 魔棒选取

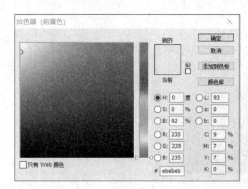
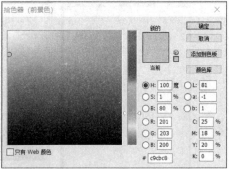

图 3-2-46　拾取颜色

⑬ 在"道路"图层按下 Alt+Delete 填充前景色，分别调整道路与草地的色彩关系，如图 3-2-47 所示。

⑭ 新建"座椅"图层，找到"铺装素材"，选中所需素材，按下【打开】按钮，如图 3-2-48所示。

⑮ 编辑，定义图案名称，点击【确定】按钮，对该图案进行填充（图 3-2-49）。

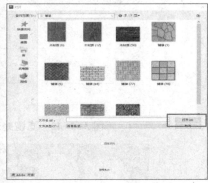

图 3-2-47　调整色彩关系　　　　　　　　图 3-2-48　打开文件

⑯ 用"魔棒"工具选择座椅区域，填充颜色，如图 3-2-50 所示。

⑰ 双击"座椅"图层右侧，出现"图层样式"窗口，点击【图案叠加】，点击【图案】右侧的"三角形"，选择"定义图案"，缩放调节比例，点击【确定】按钮，如图 3-2-51 所示。

⑱ 确定座椅调整效果，如图 3-2-52 所示。

⑲ 选择文件，打开"儿童游乐设施"的素材库，将合适的图片直接拖拽到制作的图例中，如图 3-2-53 所示。

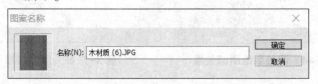

图 3-2-49　确定图案

 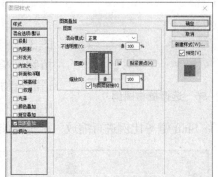

图 3-2-50　填充座椅部分　　　图 3-2-51　图案叠加

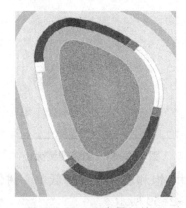 

图 3-2-52　图案叠加效果　　　图 3-2-53　儿童游乐设施

⑳ 选择文件，打开"园林建筑小品"的素材库，将合适的图片直接拖拽到制作的图例中，如图 3-2-54 所示。

㉑ 添加中央场地的张拉膜模型，完成全部建筑小品的添加，如图 3-2-55 所示。

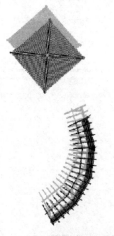 

图 3-2-54　园林建筑小品　　　图 3-2-55　完成建筑小品添加

（2）植物种植

① 打开"平面植物"素材的文件夹，如图 3-2-56 所示。以虚拟打印的植物线稿作为植物种植的参考，如图 3-2-57 所示。选择合适的植物图例直接拖拽到制作的图例中，以其中的单一树例为例，按下快捷键 Ctrl+T 将植物放大、缩小，按住 Shift 键等比例进行缩放，调整最佳的尺度比例，如图 3-2-58 所示。

图 3-2-56　选择植物图例

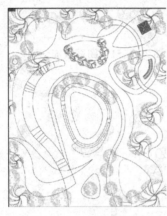

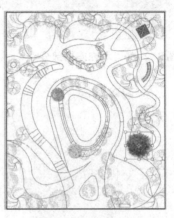

图 3-2-57　植物线稿　　　图 3-2-58　调整图例大小

② 按下快捷键 Ctrl+U，调整植物的色相/饱和度，分别降低单一树例色彩的饱和度，并同时调整一下明度，具体参数如图 3-2-59 所示。

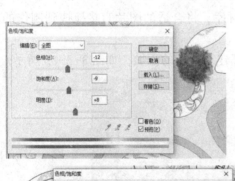

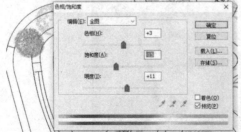

图 3-2-59　三种植物图例色相饱和度的调整

③ 双击"植物"图层右侧，出现【图层样式】窗口，点击【投影】，通过调整【距离】来调节树例投影的大小，点击【确定】按钮，如图 3-2-60 所示。

④ 填充全部的树例，并创建成组，便于图层整理操作，另外，注意各图层的顺序关系，如图 3-2-61 和图 3-2-62 所示。

⑤ 按下快捷键 Ctrl+B，调整植物的色彩平衡，具体参数如图 3-2-63 所示。图面的整体效果偏暖黄色调，使得植物效果与草地色彩在整体上搭配协调，调整后的效果如图 3-2-64 所示。

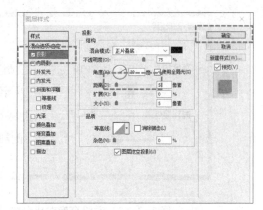

图 3-2-60　打开图层样式

图 3-2-61　图层成组

图 3-2-62　添加植物图例

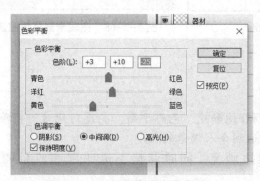

图 3-2-63　设置色彩平衡参数

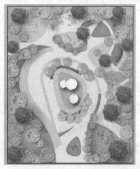

图 3-2-64　添加完成植物图例(无投影)

⑥ 打开【图像】下拉菜单中的【调整—亮度】/【对比度】，具体参数如图 3-2-65 所示。对画面的整体亮度进行调整，调整后的效果如图 3-2-66 所示。

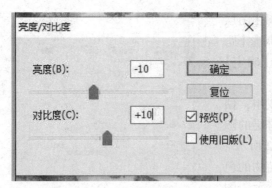
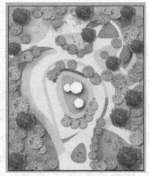

图 3-2-65　设置亮度对比参数　　　图 3-2-66　完成全部
　　　　　　　　　　　　　　　　　植物图例(有投影)

⑦ 按下快捷键 Ctrl+M，调节曲线，具体参数如图 3-2-67 所示。注意整体图面的明暗关系，调整后的效果如图 3-2-68 所示。

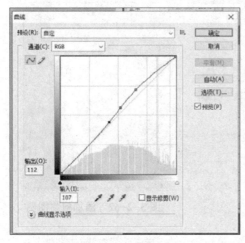
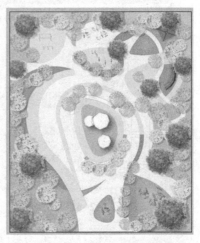

图 3-2-67　调节曲线　　　　　　图 3-2-68　完成全部植物图例

**操作提示：**

图像的最终效果，可以通过色相/饱和度、色彩平衡、亮度对比度、色阶、曲线等多种操作，多次反复修改、调整，达到令人满意的程度。

⑧ 选择大小为 46 像素的虚边画笔，同时调整不透明度和流量的数值，如图 3-2-69所示。

⑨ 用多边形在草地虚线位置绘制加深部分，填充颜色，以增加树木的层次，如图 3-2-70所示。

⑩ 新建图层，在图面的受光面用虚边画笔刷出效果，图层类型设置为强光，不透明度调整为 70%，如图 3-2-71 和图 3-2-72 所示。

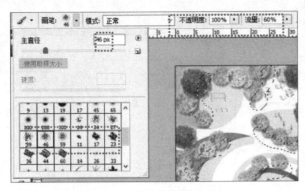 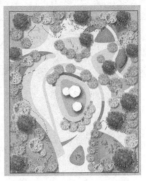

图 3-2-69　选择虚边画笔　　　　　　图 3-2-70　虚线位置

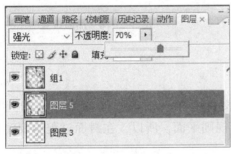 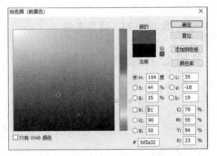

图 3-2-71　新建图层　　　　　　　　图 3-2-72　拾取颜色

⑪ 调整图面效果，在贴近植物底部位置填充颜色，增加植物的层次变化，如图 3-2-73 所示。

⑫ 乡村公共绿地的彩色平面图制作完成，最终效果如图 3-2-74 所示。

⑬ 保存文件。将制作完成的彩色平面图文件存储为 .jpg 格式，选择保存位置，点击【确定】，如图 3-2-75 所示。保存的品质设置如图 3-2-76 所示。

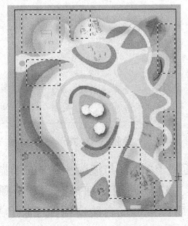 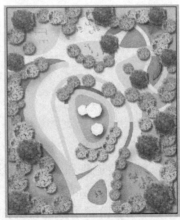

图 3-2-73　添加植物层次效果　　　　图 3-2-74　完成彩色平面图绘制

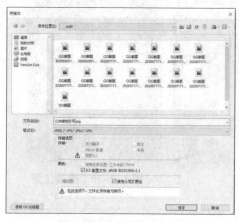

图 3-2-75 保存文件

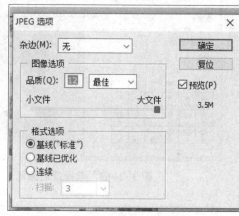

图 3-2-76 品质设置

## 3. 乡村公共绿地后期制作

（1）导入方案与赋予材质

① 导入公园景观方案平面图 .dwg 文件，导入图形炸开，然后进行封面，如图 3-2-77所示。本方案多为曲线形成的不规则平面，所以，在封面过程中要注意曲线之间的连接关系。

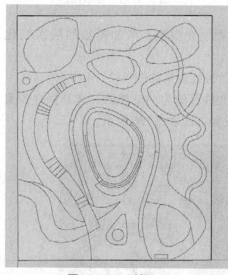

图 3-2-77 封面

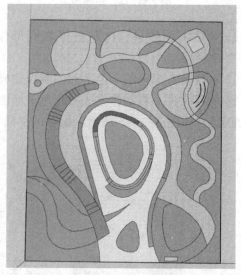

图 3-2-78 赋予材质

② 赋予材质　将主要道路和中心主广场赋予"沥青与混凝土"中的旧抛光混凝土材质；其他铺装场地赋予新抛光混凝土材质；主广场周围的细条空间和桥赋予混凝土烟熏色材质贴图；主广场台阶赋予多色石块材质；主广场台阶座椅赋予原色樱桃木材质；绿地赋予颜色中的任意绿色即可。将所有平面赋予材质，如图 3-2-78 所示。

（2）推拉建模

① 下沉广场的制作　中心主广场和绿地向下推拉450mm，最内侧台阶向下推拉150mm，如图3-2-79所示。

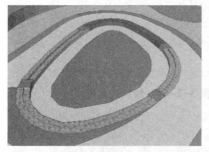 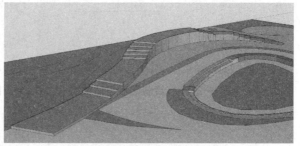

图3-2-79　中心下沉广场推拉建模　　　　　图3-2-80　台阶的推拉建模

② 台阶与围栏的制作　左侧漫步桥每级台阶向上推拉150mm，最高处高度为1350mm，如图3-2-80所示。在台阶的最高处（中间一段），将内外两侧弧线向内偏移150mm，推拉800mm，并赋予其半透明安全玻璃材质，制作出桥上的透明玻璃围栏，如图3-2-81所示。台阶与围栏的整体效果如图3-2-82所示。

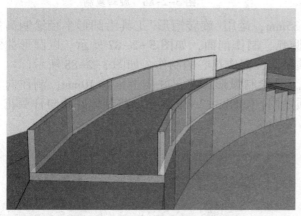 

图3-2-81　桥上围栏推拉建模　　　　　　　图3-2-82　桥整体效果

（3）园林小品向日葵的制作

① 制作花瓣　绘制半径为350mm的圆形，并从圆心作一条直线辅助线，辅助线长580mm，如图3-2-83所示。运用量角器工具，作出与辅助线夹角为22.5°的两条辅助线，如图3-2-84所示。运用圆弧工具作出圆弧，弧高为50mm，制作出花瓣图案，如图3-2-85所示。删除多余辅助线，并将制作好的花瓣以圆心为基点旋转复制出7个，如图3-2-86所示。并向下推拉35mm，赋予其橙色材质贴图。

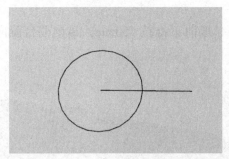
图 3-2-83　绘制圆形与辅助线

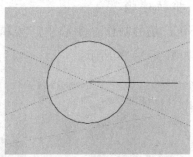
图 3-2-84　绘制夹角辅助线

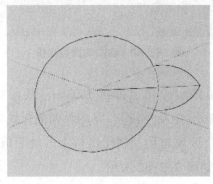
图 3-2-85　绘制花瓣

图 3-2-86　旋转复制

② 制作花心　将圆形向下推拉 35mm，运用"旋转矩形"工具沿圆形半径绘制高度为 100mm 的矩形，并在矩形上绘制圆弧，制作剖面，如图 3-2-87 所示。以圆形曲线为路径做路径跟随，赋予其黄色材质贴图，完成花心的制作，如图 3-2-88 所示。

③ 制作眼睛和嘴巴　运用圆弧工具绘制弧形图案，并向上推拉 10mm，制作向日葵的眼睛和嘴巴，并赋予其褐色材质贴图，如图 3-2-89 所示。将制作好的向日葵花朵创建成群组。

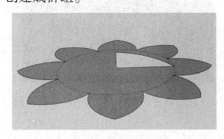
图 3-2-87　绘制剖面

图 3-2-88　制作花心

图 3-2-89　制作眼睛和嘴巴

④ 制作花茎　运用圆弧工具绘制花茎曲线，并绘制出半径为 35mm 的圆形，运用旋转工具，使圆形与曲线垂直，如图 3-2-90 所示。运用"路径跟随"工具制作出花茎，并赋予其有缝金属的材质贴图。

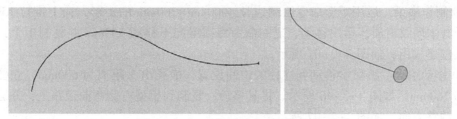

图 3-2-90　路径跟随命令制作花茎

⑤ 移动组合　运用移动和旋转工具,将花朵与花茎组合在一起,并进行复制与微调,完成向日葵园林小品的制作,如图 3-2-91 所示。将制作好的向日葵移动、复制,放在入口绿地及右侧绿地上,如图 3-2-92 所示。

图 3-2-91　整体效果　　　　图 3-2-92　向日葵园林小品摆放位置

（4）园林小品廊架的制作

① 制作立柱　运用矩形命令绘制边长为 100mm 的正方形,向上推拉 3300mm,并赋予其"木质纹"材质。运用移动、复制命令将柱子移动、复制出 3 个,且 4 个柱子的间隔距离分别为 100mm,并创建成群组,如图 3-2-93 所示。将制作好的柱子群组向右移动、复制,移动距离为 2500mm,如图 3-2-94 所示。

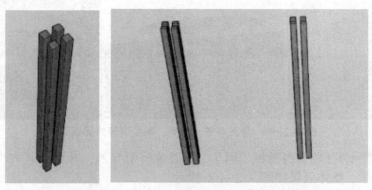

图 3-2-93　立柱建模　　　　图 3-2-94　移动复制立柱

② 制作横梁　运用矩形命令绘制边长 4000mm×100mm 的矩形，向上推拉 150mm，并赋予其木质纹材质。运用移动、复制命令将横梁向下移动 350mm 并复制 1 个，将两个横梁创建成组，如图 3-2-95 所示。

③ 移动组合　将横梁移动到立柱的中间位置，横梁出头距离为 600mm，立柱出头距离为 260mm，如图 3-2-96 所示。将其移动、复制到模型右侧弯曲道路上，并运用旋转命令调整方向，如图 3-2-97 所示。

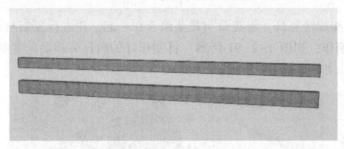 

图 3-2-95　横梁建模　　　　　　　　图 3-2-96　横梁与立柱拼接

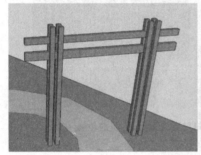 

图 3-2-97　廊架整体效果及摆放位置

（5）导入其他园林小品模型

① 打开亭子、花架和张拉膜等外部模型文件，将其复制，并粘贴在制作的模型文件中，如图 3-2-98 所示。

  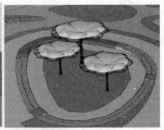

图 3-2-98　导入亭子、花架、张拉膜等外部模型

② 运用相同方法将健身器械、风车、石磨等模型导入，并调整其大小、位置，如图 3-2-99 所示。整体效果如图 3-2-100 所示。

图 3-2-99　导入健身器械、风车和石磨等小品模型

图 3-2-100　整体模型效果

（6）导出图片

① 修改模型样式　选择【窗口】/【默认面板】，点击【风格】，在弹出的风格面板中选择【预设样式】中的【普通样式】。

② 打开阴影　点击【视图】，勾选"阴影"。

③ 添加场景　通过移动鼠标，将模型调整到鸟瞰图角度，点击【视图】/【动画】/【添加场景】，将鸟瞰图创建成一个场景，如图 3-2-101 所示。运用相同方法，添加透视图场景，如图 3-2-102 和图 3-2-103 所示。

图 3-2-101　鸟瞰图场景

图 3-2-102　透视图场景 1

图 3-2-103　透视图场景 2

④ 导出图片　【文件】/【导出】/【二维图形】，修改图片名称并指定导出图片的存储位置，点击【选项】，在弹出面板中将图纸宽度改为 5000mm（取消勾选【使用视图大小】），单击【确定】，导出二维图片。

（7）PS 打开和处理图纸

① 背景处理　将 SU 中导出的图片在 Photoshop CC 中打开，双击图层，在弹出面板中点击【确定】，将图层解锁。

② 运用魔棒工具将图纸外部的浅绿色背景选中并删除。在导入图片图层下面新建一个背景图层，并填充成白色，如图 3-2-104 所示。

图 3-2-104　背景处理

（8）后期草地的制作

① 将草坪素材在 Photoshop CC 中打开，输入快捷键 Ctrl+A，将草坪素材全部纳入选区，输入快捷键 Ctrl+C，将选区中的草坪素材复制。运用魔棒工具对导入图片中的所有绿地范围进行选区，完成选区后，输入快捷键 Ctrl+Shift+Alt+V，将草坪素材贴入绿地的选区中。新产生的草坪图层中带有蒙版，如图 3-2-105 所示。

② 将草坪图层不断复制并调整位置，使其铺满整个绿地空间，并选中所有草坪图层，单击鼠标右键，选择【合并图层】，如图 3-2-106 所示。

图 3-2-105　草坪图层　　　　　图 3-2-106　移动复制草坪

（9）后期植物的添加

① 添加树木素材　打开"树木"素材，运用移动工具将其拖拽到文件中，运用"自由变换"命令调整大小，并摆放到绿地中去，注意近大远小，如图 3-2-107 所示。导入"黄色树木"素材，运用快捷键 Ctrl+B，调出"色彩平衡"窗口，将图标向"黄色"方向推拉，使树木颜色更加橘黄，如图 3-2-108 所示。添加"彩叶和开花树木"素材，运用相同方法进行复制、粘贴，丰富植物群落的色彩，如图 3-2-109 所示。

图 3-2-107　添加树木　　　　　图 3-2-108　色彩平衡调节树木颜色

② 添加草本花卉素材　添加草本花卉素材，运用橡皮工具将植物根部虚化，如图 3-2-110 所示。将植物添加到入口绿地中去，如图 3-2-111 所示。

③ 添加向日葵素材　将"草坪"图层关闭，复制向日葵素材，将其放在草坪左侧的向日葵种植区中，如图 3-2-112 所示。全部向日葵添加后的效果如图 3-2-113 所示。

图 3-2-109　树木摆放效果

图 3-2-110　植物根部虚化

图 3-2-111　草花摆放效果

图 3-2-112　向日葵摆放区域

图 3-2-113　向日葵摆放效果

④ 添加树群素材　添加树群素材，运用橡皮工具将根部虚化，然后将树群添加到绿地周围，注意调整树群的大小和颜色，不要使材质过于相似，如图 3-2-114 所示。然后运用相同的树群材质，在树群后面贴一层更虚化的树群做背景烘托，图层不透明度为 30%，如图 3-2-115 所示。

图 3-2-114　树群摆放效果

图 3-2-115　树群后部虚化效果

(10) 人物、气球和飞鸟的添加

① 添加人物素材　添加人物素材，调整其大小，移动到中心广场中去，后方的"人物"图层不透明度可调为 80%，使前后人物更有层次感，如图 3-2-116 所示。

图 3-2-116　添加人物

② 添加气球素材　将气球素材添加到中心广场张拉膜上方，图层不透明度为 70%，如图 3-2-117 所示。

③ 添加飞鸟素材　将飞鸟素材添加在图片左下角，如图 3-2-118 所示。

图 3-2-117　添加气球

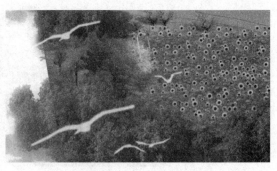
图 3-2-118　添加飞鸟

（11）整体色调调整

① 新建图层，按下快捷键 Ctrl+Shift+]，将图层置顶。
② 按下快捷键 Ctrl+Shift+Alt+E，将整张图纸粘贴到图层上，盖印图层。
③ 按下快捷键 Ctrl+M，添加曲线，调整参数。将曲线图层的不透明度调整为30%，完成的效果图如图 3-2-119 所示。

图 3-2-119　鸟瞰图整体效果

### 4. 方案排版

（1）新建文件与布局标尺线

① 新建宽度为 594mm、高度为 841mm、单位为"毫米"、分辨率为 100，颜色模式为 RGB 的文件。
② 输入快捷键 Ctrl+R，调出标尺工具，在左侧标尺区拖拽出蓝色标尺线，将图纸分为 3 份，如图 3-2-120 所示。

（2）背景图案的制作

① 绘制曲线与色块　运用"铅笔"工具，选择 10 像素的圆形笔头，选择深蓝色 RGB 为前景色，分别为"66、82、98"，在新建折线图层中沿最右侧标尺线绘制折线线

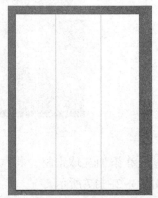
图 3-2-120　标尺线位置

条。新建"填充"图层，在折线区域内填充浅橙色，RGB，分别为"251、238、222"，图层不透明度为80%，如图3-2-121所示。

② 绘制分隔线　新建"分隔线"图层，运用"画笔"工具，选择13像素的圆形笔头，点击笔头右侧的【切换画笔】面板，在弹出的面板中选择画笔笔尖形状一栏，将面板中的间距调大至160%。选择与折线相同的深蓝色，沿第一条标尺线绘制直线，如图3-2-122所示。

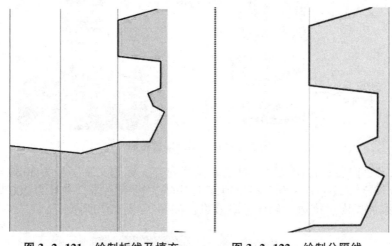

图3-2-121　绘制折线及填充　　　图3-2-122　绘制分隔线

（3）标题的制作

① 添加各部分标尺线　运用相同方法拖拽出标尺线，确定三部分区域左右两侧的边距，如图3-2-123所示。

② 绘制标题框　新建"标题框"图层，运用矩形选框工具绘制长方形，并填充与折线相同的深蓝色。在选框内运用"文字"工具输入标题名称，字体为黑体，字号为30像素，颜色为白色。将文字与标题框拖拽到标尺线交点位置，如图3-2-124所示。在图纸顶部绘制与图纸宽度一致的长条矩形，并填充与折线相同的深蓝色，作为图纸的顶部压边，如图3-2-125所示。

图3-2-123　标尺线位置　　　图3-2-124　添加标题　　　图3-2-125　顶部蓝色矩形

(4) 布局图片与文字添加

① 将彩色平面图、鸟瞰图、透视图、立面图和分析图等图纸移动到文件里，分别进行缩放后按位置布局好，如图 3-2-126 所示。

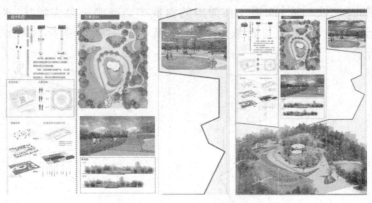

图 3-2-126　图片摆放布局

② 输入文字内容　运用文字工具输入文字内容，标题文字字号为 30 像素，内容文字字号为 18 像素。最下方标题"葵花向阳"运用华文行楷字体，字号为 200 像素，颜色为黄色，并添加投影、描边和斜面浮雕效果，如图 3-2-127 所示。

图 3-2-127　添加标题与文字说明

(5) 背景渲染

① 添加向日葵图片　在填充图层下面新建图层，在鸟瞰图与灰色填充的缝隙中添加向日葵图片，呼应主题，同时增加背景的层次感。根据向日葵图片位置的不同进行缩放和调整，同时调整图层不透明度为 50%～60%，作为灰色填充的背景纹理，如图 3-2-128 所示。

图 3-2-128　添加向日葵背景素材

图 3-2-129 排版的整体效果

② 保存文件，完成图纸排版制作。排版的整体效果如图 3-2-129 所示。

## 常用知识点梳理

### 1. AutoCAD 知识点

多段线【PLINE】：创建二维多段线。

操作方法：

① 在绘图修改栏中单击【多段线】命令按钮。

② 执行【绘图】菜单中的【多段线】命令。
③ 动态输入快捷键 PL。

**2. Photoshop CC 知识点**

(1) 标尺：在绘图区绘制水平方向和垂直方向参考线的工具。

操作方法：

① 执行【菜单】/【视图】。

② 输入快捷键 Ctrl+R。

(2) 橡皮擦：图形、图像擦除。

操作方法：

① 执行【绘图】/【橡皮擦】。

② 输入快捷键 E。

在选项栏里，提供与画笔类似的参数设置，包括：大小和样式的设置，不透明度设置，还有流量等常见的设置内容。

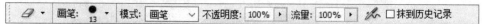

在模式里，提供了 3 种不同的模式选项：画笔、铅笔和块。

(3) 文字：横排或竖排的文字书写工具。

操作方法：

① 执行【绘图】菜单/文字。

② 输入快捷键 T。

(4) 选框工具：对图像进行有范围的选择。

操作方法：

① 执行【绘图】/【选框】。

② 输入快捷键 M。

按住选框工具不放就会弹出选框工具的其他类型：矩形选框、椭圆选框、单行选框、单列选框（系统默认显示的是矩形选框工具）。

其中，椭圆选框：按住 Shift 键，选区变成圆形。再按快捷键 Ctrl+Shift+I 反选，就可以对反选的地方进行加工处理，或不反选处理椭圆中间的图片。

**3. SketchUp 知识点**

(1) 创建组件

操作方法：

① 选择物体，单击右键菜单中的"创建组件"命令。

② 选择物体，执行【编辑】菜单中【创建组件】。

③ 组的编辑　双击鼠标左键进入组件内修改，完成后单击组外任意位置退出。

④ 组的锁定与解锁　选择组件，单击右键菜单中的锁定或解锁命令。

⑤ 组件与群组的区别　组件具有关联性，改变一个组件，其他同名组件均发生改变。群组没有关联性，改变一个群组，其他同名群组不发生变化。

（2）阴影

操作方法：

① 打开视图菜单栏，勾选"阴影"。

② 打开视图菜单栏中的工具栏，勾选【阴影】工具栏。可在阴影工具栏上进行时间、月份、亮暗等设置，改变阴影效果。

# 附 录　常用快捷键

**AutoCAD 2019 常用快捷键**

| 绘图命令 | | | | | | |
|---|---|---|---|---|---|---|
| 序号 | 工具名称 | 命　令 | 快捷键 | 序号 | 工具名称 | 命　令 | 快捷键 |
| 1 | 直线 | LINE | L | 11 | 多行文本 | MTEXT | MT |
| 2 | 多段线 | PLINE | PL | 12 | 点 | POINT | PO |
| 3 | 样条曲线 | SPLINE | SPL | 13 | 构造线 | XLINE | XL |
| 4 | 多边形 | POLYGON | POL | 14 | 多线 | MLINE | ML |
| 5 | 矩形 | RECTANGLE | REC | 15 | 圆环 | DONUT | DO |
| 6 | 圆 | CIRCLE | C | 16 | 面域 | REGION | REG |
| 7 | 圆弧 | ARC | A | 17 | 定数等分 | DIVIDE | DIV |
| 8 | 椭圆 | ELLIPSE | EL | 18 | 定距等分 | MEASURE | ME |
| 9 | 填充 | BHATCH | H | 19 | 块定义 | BLOCK | B |
| 10 | 单行文本 | TEXT | T | 20 | 插入块 | INSERT | I |
| 修改命令 | | | | | | |
| 序号 | 工具名称 | 命　令 | 快捷键 | 序号 | 工具名称 | 命　令 | 快捷键 |
| 1 | 复制 | COPY | CO | 11 | 延伸 | EXTEND | EX |
| 2 | 移动 | MOVE | M | 12 | 拉伸 | STRETCH | S |
| 3 | 删除 | ERASE | E | 13 | 拉长 | LENGTHEN | LEN |
| 4 | 阵列 | ARRAY | AR | 14 | 缩放 | SCALE | SC |
| 5 | 镜像 | MIRROR | MI | 15 | 打断 | BREAK | BR |
| 6 | 偏移 | OFFSET | O | 16 | 倒角 | CHAMFER | CHA |
| 7 | 旋转 | ROTATE | RO | 17 | 倒圆角 | FILLET | F |
| 8 | 分解 | EXPLODE | X | 18 | 编辑多段线 | PEDIT | PE |
| 9 | 修剪 | TRIM | TR | 19 | 合并 | JOIN | J |
| 10 | 对齐 | ALIGN | AL | 20 | 前置 | DRAWORDER | DR |

（续）

| | | 尺寸标注 | | | | | | |
|---|---|---|---|---|---|---|---|---|
| 序号 | 工具名称 | 命 令 | 快捷键 | 序号 | 工具名称 | 命 令 | 快捷键 |
| 1 | 直线标注 | DIMLINEAR | DLI | 7 | 点标注 | DIMORDINATE | DOR |
| 2 | 对齐标注 | DIMALIGNED | DAL | 8 | 快速引出标注 | QLEADER | LE |
| 3 | 半径标注 | DIMRADIUS | DRA | 9 | 基线标注 | DIMBASELINE | DBA |
| 4 | 直径标注 | DIMDIAMETER | DDI | 10 | 连续标注 | DIMCONTINUE | DCO |
| 5 | 角度标注 | DIMANGULAR | DAN | 11 | 标注样式 | DIMSTYLE | D |
| 6 | 中心标注 | DIMCENTER | DCE | 12 | 编辑标注 | DIMEDIT | DED |

## Photoshop CC 2018 常用快捷键

| 工具栏（多种工具共用一个快捷键的，可同时按 Shift 键加此快捷键切换） | | | | | |
|---|---|---|---|---|---|
| 序号 | 工具名称 | 快捷键 | 序号 | 工具名称 | 快捷键 |
| 1 | 矩形选框工具、椭圆选框工具 | M | 11 | 橡皮擦工具 | E |
| 2 | 多边形套索、套索、磁性套索 | L | 12 | 减淡工具、加深工具 | O |
| 3 | 魔棒工具、快速选择工具 | W | 13 | 钢笔工具 | P |
| 4 | 移动工具 | V | 14 | 文字工具 | T |
| 5 | 裁剪工具 | C | 15 | 自定义形状工具 | U |
| 6 | 吸管工具 | I | 16 | 抓手工具 | H |
| 7 | 修补工具 | J | 17 | 缩放工具 | Z |
| 8 | 渐变工具、油漆桶工具 | G | 18 | 默认前景色和背景色 | D |
| 9 | 画笔工具 | B | 19 | 切换前景色和背景色 | X |
| 10 | 仿制图章工具 | S | 20 | 更改屏幕模式 | F |
| 常用功能 | | | | | |
| 序号 | 工具名称 | 快捷键 | 序号 | 工具名称 | 快捷键 |
| 1 | 全选 | Ctrl+A | 11 | 显示/隐藏参考线 | Ctrl+; |
| 2 | 取消选择 | Ctrl+D | 12 | 自由变换 | Ctrl+T |
| 3 | 反向选择 | Ctrl+Shift+I | 13 | 填充前景色 | Alt+Del |
| 4 | 载入选区 | Ctrl+缩略图 | 14 | 填充背景色 | Ctrl+Del |
| 5 | 路径变选区 | Ctrl+Enter | 15 | 色阶 | Ctrl+L |
| 6 | 撤销上步操作 | Ctrl+Shift+Z | 16 | 曲线 | Ctrl+M |
| 7 | 放大视图 | Ctrl+加号 | 17 | 色彩平衡 | Ctrl+B |
| 8 | 缩小视图 | Ctrl+减号 | 18 | 色相/饱和度 | Ctrl+U |
| 9 | 适合屏幕显示 | Ctrl+0 | 19 | 新建图层 | Ctrl+Shift+N |
| 10 | 显示/隐藏标尺 | Ctrl+R | 20 | 图层编组 | Ctrl+G |

(续)

| 常用功能 | | | | | |
|---|---|---|---|---|---|
| 序号 | 工具名称 | 快捷键 | 序号 | 工具名称 | 快捷键 |
| 21 | 取消编组 | Ctrl+Shift+G | 28 | 合并可见图层 | Ctrl+Shift+E |
| 22 | 图层下移一层 | Ctrl+[ | 29 | 去色 | Ctrl+Shift+U |
| 23 | 图层上移一层 | Ctrl+] | 30 | 平移视图 | 空格键 |
| 24 | 图层置底 | Ctrl+Shift+[ | 31 | 画笔尺寸变大 | ] |
| 25 | 图层置顶 | Ctrl+Shift+] | 32 | 画笔尺寸变大 | [ |
| 26 | 合并图层 | Ctrl+E | 33 | 显示/隐藏"图层"面板 | F7 |
| 27 | 加选图层 | Ctrl+鼠标左键 | 34 | 显示/隐藏"历史记录"面板 | F9 |

### SketchUp 2018 常用快捷键

| 绘图工具栏 | | | | | |
|---|---|---|---|---|---|
| 序号 | 工具名称 | 快捷键 | 序号 | 工具名称 | 快捷键 |
| 1 | 矩形 | R | 10 | 选择 | 空格键 |
| 2 | 直线 | L | 11 | 移动 | M |
| 3 | 圆形 | C | 12 | 删除 | E |
| 4 | 圆弧 | A | 13 | 推拉 | P |
| 5 | 擦除 | E | 14 | 偏移 | F |
| 6 | 缩放 | S | 15 | 环绕观察 | O |
| 7 | 旋转 | Q | 16 | 卷尺 | T |
| 8 | 材质 | B | 17 | 视图缩放 | Z |
| 9 | 平移 | H | 18 | 创建组件 | G |

| 常用操作 | | | | | |
|---|---|---|---|---|---|
| 序号 | 工具名称 | 快捷键 | 序号 | 工具名称 | 快捷键 |
| 1 | 全选 | Ctrl+A | 5 | 撤销 | Ctrl+Z |
| 2 | 全部不选 | Ctrl+T | 6 | 恢复 | Ctrl+Y |
| 3 | 剪切 | Ctrl+X | 7 | 满屏显示 | Ctrl+Shift+E |
| 4 | 复制 | Ctrl+C | 8 | 平移视图 | Shift+鼠标中键 |

# 参 考 文 献

李金明，李金蓉，2019. Photoshop CC 2018 完全自学教程[M]. 北京：人民邮电出版社.
李立新，汤国红，2018. Photoshop CC 2018 图像处理实用教程[M]. 北京：清华大学出版社.
唐登明，2013. 园林 CAD[M]. 北京：机械工业出版社.
中国建筑标准设计研究院，2014. 环境景观绿化种植设计[M]. 北京：中国计划出版社.
中国建筑标准设计研究院，2014. 环境景观室外工程细部构造[M]. 北京：中国计划出版社.
中国建筑标准设计研究院，2014. 环境景观亭廊架之一[M]. 北京：中国计划出版社.
中国建筑标准设计研究院，2014. 环境景观滨水工程[M]. 北京：中国计划出版社.